LES

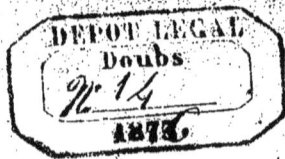

CHAMPIGNONS

DU

JURA ET DES VOSGES

PAR

LUCIEN QUÉLET,

DOCTEUR-MÉDECIN, OFFICIER D'ACADÉMIE,

Membre de la Société botanique de France, etc.

IIIᵉ PARTIE.

(Extrait des Mémoires de la Société d'Émulation de Montbéliard.)

PARIS

LIBRAIRIE J.-B. BAILLIÈRE & FILS

19, RUE HAUTEFEUILLE, 19

1875

I. HYMÉNIÉS, PÉRIDIÉS et CUPULÉS
(3ᵉ Supplément).

II. MYXOGASTRES.
III. NUCLÉÉS.

I. HYMÉNIÉS. — 3ᵉ Supplément.

1. ARMILLARIA ROBUSTUS. A. S. Stipe charnu, court, *blanc-soyeux au sommet*, fibrilleux-byssoïde, brun, au-dessous d'un *anneau cortiné*, étroit et souvent fugace. Chapeau charnu, épais, convexe (1 déc.), fibrilleux, châtain ou brun-bai, visqueux ; marge enroulée, sillonnée-tomenteuse, blanchâtre. Chair ferme, blanche et *amère*. Lamelles arrondies-émarginées, très-larges, serrées, blanches, pointillées de roux ou de brun. Spore (0,005) ovale-sphérique.

Fin automne. Bois de sapins du Jura. C'est le T. Albobrunneus P. muni d'un anneau cortiniforme. Batsch. f. 75.

2. TRICHOLOMA MURINACEUS. Bull. Stipe gros, fibro-charnu, plein, fibrilleux ou finement écailleux, *gris cendré*, épaissi et blanc à la base. Chapeau peu charnu, fragile, convexe ondulé (6-9 c.), gris, tacheté de mèches fibrilleuses brun-noir ; marge enroulée et *laineuse*. Chair à odeur forte de fruits, blanc grisonnant. Lamelles larges, très-sinuées, blanches puis grises ; arête dentelée, ponctuée de noir. Spore ovoïde (0,01) blanche.

Automne. En cercle dans les bois montueux du Jura. Très-voisin de Gausapatus.

3. T. PSAMMOPUS. Kalch. Stipe plein, égal, courbe (3-4 milli.), villeux-granulé, concolore, blanc au sommet, Chapeau campanulé, convexe (3-4 c.), charnu, fissile, villeux, finement écailleux puis crevassé, ocracé-fauve.

Chair ferme, blanche *amariuscule*. Lamelles sinuées-onci-
nées, blanches à reflet paille ou incarnat. Spore ovoïde
sphérique (0,005) ocellée.

Eté. Groupé sous les sapins du Jura. Espèce nouvelle trouvée en Hongrie par mon ami C. Kalchbrenner, célèbre mycologue de ce pays.

4. CLITOCYBE Dealbatus. Sow. Stipe court, fibreux,
plein, à la fin fistuleux, blanchâtre, farineux au sommet,
courbé et roussissant un peu à la base. Chapeau charnu,
tenace, mince, convexe plan puis flexueux et retroussé
(2-3 c.), glabre, blanchâtre, teinté de gris ou de bistre,
pruineux blanchissant et *luisant*. Chair sèche, blanche, à
odeur de farine. Lamelles serrées, *adnées*, à peine décurrentes, grisâtres puis blanchâtres. Spore ovale oblongue,
blanchâtre.

Septembre-Octob. En cercle dans les prés. Voisin de Ericetorum. Com.

5. COLLYBIA Lilaceus. Q. Stipe tenace, dur, finement
fistuleux, parcouru par une *moëlle linéaire blanche*, prui-
neux-tomenteux, blanc-violacé puis lilas-gris, *hérissé de fils
érigés et blancs* à la base. Chapeau convexe plan (2-3 c.),
mince, diaphane, hygrophane, *finement tomenteux*, lilacin;
marge enroulée, pruineuse et blanche puis ocre-grisâtre.
Lamelles sinuées-adnées, étroites, *très-serrées*, blanches
puis violettes. Spore (0,004) ovoïde.

Automne. Souches de saule marceau. Très-rare.

6. C. Nitellinus. Fr. Stipe plein puis fistuleux, tenace,
ondulé, *satiné*, concolore, blanc pruineux au sommet et
blanc villeux à la base. Chapeau mince, flasque, mamelonné convexe (3-5 c.), hygrophane, *fauve doré, luisant*.
Chair mince, jaunâtre (odeur de melon). Lamelles larges,
érodées, sinuées, blanchâtres, citrin-incarnat. Spore oblongue, jaunâtre, ponctuée.

Eté. En cercle dans les sapinières du Jura. Rare.

7. C. Murinus. Batsch. Stipe court, arhize, à peine fistuleux, cendré, striolé de fibrilles soyeuses blanches. Chapeau campanulé convexe puis *ombiliqué* (1-2 c.), mince, fissile, soyeux, gris fauvâtre pâlissant. Lamelles espacées, adnées, ventrues, plus larges que longues, débordant la marge, blanc crêmeux grisonnant. Spore (0,01) ovoïde. Inodore.

Automne. Bruyères des collines vosgiennes.

8. OMPHALIA Oniscus. Fr. Stipe plein puis fistuleux, tenace, grêle, onduleux, souvent comprimé et courbé, *gris*, blanc villeux à la base. Chapeau submembraneux flasque puis fragile, *convexe ombiliqué* ou en coupe, ondulé flexueux (2-3 c.), glabre, gris noirâtre puis gris clair. Lamelles décurrentes, subespacées, cendrées.

Eté. Bois moussus des collines vosgiennes. Voisin de Pyxidatus.

9 O. Sciopus. Q. Stipe tenace, plein, grêle, flexueux, velouté-pruineux, blanc crême en haut, gris bistré en bas (même en dedans). Chapeau membraneux, un peu tenace, convexe puis ombiliqué et ridé (1 c.), pruineux, crême blanchissant. Lamelles espacées, adnées, parfois ramifiées, crême puis aurore pâle. Spore elliptique (0,015).

Eté. Gazon des pâturages et des tourbières. (*)

10. MYCENA Rubro marginatus. Fr. Stipe fistuleux, rigide, fragile, cylindrique, courbe, glabre et livide. Chapeau membraneux, campanulé obtus (2-3 c.), sillonné, hygrophane, gris ou bistre pâlissant. Lamelles adnées-oncinées, espacées, blanches puis gris clair avec l'arête purpurine.

Eté-automne. En troupe dans les sapinières.

11. M. Crocatus. Fr. Stipe allongé, fistuleux, raide, glabre, blanchâtre en haut, jaune au milieu, *safrané* en

_____
(*) Cette espèce tient le milieu entre Umbelliférus et Tricolor.

bas ; base couchée, fibrilleuse. Chapeau membraneux,
campanulé puis étalé et mamelonné (2-3 c.), strié, blanchâtre, pourpré au centre. Lamelles adnées, blanches. *Lait
jaune* puis *safrané*, tachant tout le champignon.

Automne. En troupe dans les forêts de hêtres des hautes Vosges, avec
Marasmius Alliaceus.

12. M. JANTHINUS. Fr. Stipe subfiliforme, *striolé*, violacé,
épaissi, courbé et laineux à la base. Chapeau membraneux,
campanulé conique (2 c.), *strié*, rosé ou lilacin. Lamelles
adnées oncinées, plus larges en avant, blanc grisâtre.

Eté. Bois humides de la plaine. Rare.

13. M. CYANORHIZUS. Q. (Batsch 81 ?) Stipe grêle et court,
blanc ou gris, bleuâtre, *subbulbeux* hérissé-*azuré* à la base.
Chapeau membraneux, hémisphérique (5 mm.) strié-sil-
lonné, grisâtre, bistré ou gris-bleuâtre au sommet. Lamelles espacées, adnées, arquées, blanchâtres.

Automne. Sur les brindilles dans les sapinières. Très-voisin de Hiemalis.

13 b. M. DISCOPUS. Lev. Variété major du M. Tenerri-
mus. Berk. sur les brindilles en été.

14. M. MUCOR. Batsch. (82). Stipe flexueux capillaire
concolore, base bulbo-discoïde. Chapeau très-ténu (1-2 mill.)
campanulé, striolé, *gris-hyalin*. Lamelles adnées, espacées,
glauques puis grises. Flétri à l'air, fugace.

Automne. En troupe sur les feuilles mortes. A peine distinct du Ca-
pillaris.

15. PLEUROTUS SEROTINUS. Schrad. Stipe latéral, court
ou oblitéré, épais, tomenteux, paille-citrin, *pointillé de bistre*. Chapeau compacte, convexe, réniforme (5-8 c.), glabre,
humide, bistre, gris, olive, verdoyant ou sulfurin, rougeâtre
par le sec. Chair épaisse, spongieuse, blanche, humide sous
la *pellicule gélatineuse*. Lamelles serrées, *rameuses*, adnées

effilées, molles, citrines avec l'arête bistre. Spore ténue, cylindrique, incurvée (0,006) obscurément cloisonnée.

Hiver. Groupé ou imbriqué sur les troncs couchés, chêne, hêtre, etc.

16. PLUTEUS Umbrosus. P. Stipe fibro-charnu, humide, strié de fibrilles brunes ou bistres. Chapeau charnu, humide, soyeux, velouté au sommet, fibrilleux, *bai-bistre*. Lamelles blanchâtres puis incarnates, *bordées de bistre*.

Eté. Souches de sapin.

17. P. Cervinus. Fr. v. Excorians. Stipe plein, courbé, blanc ; bistre et écailleux en bas. Chapeau charnu, convexe plan (1-2 déc.), grisâtre, moucheté de fines mèches au sommet, visqueux puis crevassé-aréolé. Chair molle, blanche, à odeur de fruits. Lamelles ventrues, larges, blanc rosé puis bistrées.

Printemps et été. Cespiteux sur les tas de sciure.

18. ENTOLOMA Dichrous. P. Stipe plein, court, finement écailleux, bleu-lilas, brunissant, blanc à la base. Chapeau peu charnu, campanulé puis étalé (3-5 c.), fibrilleux gris ou bistre, couvert de petites mèches *brun noir* ; marge enroulée, violette. Lamelles sinuées-adnées, érodées, blanches puis rougeâtres. Spore oblongue anguleuse bosselée.

Automne. Sapinières du Jura. Ressemble à Tr. Terreus. Rare.

18 b. LEPTONIA Solstitialis. Fr. Stipe fistuleux, grêle, glabre, bistre brunâtre, floconneux et blanc à la base. Chapeau membraneux, campanulé-convexe (2 c.) avec une papille centrale, rayé de fibrilles adnées, bistre. Lamelles larges, ventrues, enfumées-rosées.

Eté. Prairies montagneuses, tourbières.

19. PHOLIOTA Erebius. Fr. Stipe creux, fissile, blanc-fuligineux, rayé de fibrilles bistres. Anneau membraneux, strié, concolore. Chapeau mince, campanulé-bossu, forte-

ment ridé, *visqueux*, roux-sale avec le *mamelon brun*. Chair humide, concolore. Lamelles adnées, blanchâtres-bistrées puis brun cannelle.

Eté. Bois ombragés du Jura.

20. NAUCORIA Myosotis. Fr. Stipe subfistuleux, long, humide, jaunâtre, floconneux, pulvérulent au sommet. Chapeau convexe mamelonné (2 c.), hygrophane, strié, visqueux, bistre, olive clair, *verdoyant*. Chair mince, citrin-pâle. Lamelles sinuées, jaunâtres puis brunes avec l'arête pâle. Spore pruniforme (0,01) brune.

Eté. Dans les sphaignes des étangs de la plaine.

21. N. Scolecinus. Fr. Stipe cylindrique, allongé, fistuleux, flexueux, *rougeâtre-rouillé*, *poudré de blanc* en haut, brunissant à la base. Chapeau peu charnu, campanulé convexe puis plan (2-3 c.), *bai-rouillé*; marge striolée, plus pâle. Lamelles adnées, blanc incarnat puis rouillées avec arête floconneuse. Spore oculiforme (0,012.), fauve rouillé.

Automne. Bois humides des Vosges, sous les aunes.

22. N. Sobrius. Fr. Stipe fistuleux, flexueux, ferme, *fibrillo-soyeux*, blanc jaunâtre, farineux au sommet, brunissant et cotonneux à la base. Chapeau convexe-plan (1-2 c.), avec mamelon plus obscur, peu charnu, à peine hygrophane et visqueux, satiné d'une cortine fugace, ocracé fauve pâlissant. Lamelles sinuées, peu serrées, larges, *ocre-clair* puis safranées avec l'arête floconneuse blanchâtre. Spore elliptique (0,01.) ocellée, ocracée.

Février-Mars. En troupe sur les charbonnières.

23. GALERA Minutus. Q. Chamois bistre, tendre, vite flétri à l'air. Stipe subcapillaire (1 c.) glabre, fauve, *luisant*; base étalée-aranéeuse et blanche. Chapeau campanulé (2-3 millim.), membraneux, strié. Lamelles adnées-arquées,

aussi larges que longues, assez serrées, jaunâtres puis argilleuses avec l'arête blanchâtre. Spore pruniforme (0,006) ocre.

Eté. Sur l'humus des bois ombragés du Jura. (Paraît voisin de Tenuissimus. Lasch.)

24. CREPIDOTUS Alveolus. Lasch. Dimidié, horizontal, sessile ou atténué en stipe court, tomenteux-villeux. Chapeau charnu, mou obové, plan (5-8 c.), lisse, *humide*, *ocracé-brun*, pâlissant; marge souvent olive. Lamelles larges, serrées, non décurrentes, argileuses puis brunes.

Automne. Souches des forêts élevées du Jura. (Morthier).

25. STROPHARIA Albonitens. Fr. Stipe long (5-9 c.) peu ou pas fistuleux, lisse, poli et *blanc*. Anneau médian, petit et fugace. Chapeau charnu mince, convexe (3-5 c.), bossu, lisse, visqueux, *blanc-hyalin*, jaunissant au sommet et brillant par le sec. Lamelles adnées, serrées, planes, un peu ventrues, jaunâtres puis brun pourpre.

Automne. Lieux sylvatiques du haut Jura.

26. PSATHYRA Gossypinus. Bull. Stipe villeux blanchâtre. Chapeau submembraneux, campanulé (2-3 c.), fragile, blanchâtre, un peu ocracé au sommet, *tomenteux-floconneux*, rapidement glabre; marge striée un peu grisâtre. Lamelles blanchâtres puis bistre pourpre.

Automne. En fascicules dans les bruyères des Vosges.

27. PSATHYRELLA Crenatus. Fr. Stipe grêle, fragile, farineux-blanchâtre, *strié en haut*. Chapeau (2-3 c.) membraneux, hémisphérique, *sillonné*, micacé, hygrophane, gris chamois, pâlissant; *marge crênelée*. Lamelles adnées, peu ventrues, jaunâtres puis bistres. Spore elliptique (0,012) bistre-noir.

Eté-automne. Bords des sentiers.

28. COPRINUS Erythrocephalus. Lev. A. Oblectus. Bolt. ? Voile léger, villeux, fugace, *aurore*. Stipe grêle, fistuleux (3-5 c.), velouté-fibrilleux, concolore puis blanc avec la base rouge-feu pâle. Chapeau ovoïde campanulé (1-2 c.), *strié*, villeux aurore puis gris pointillé de cinnabre. Chair très-mince, blanche. Lamelles grisâtres avec l'arête pulvérulente aurore puis brun-noir. Spore pruniforme (0,01) opaque brun-noir.

Automne. Ornières des forêts ombragées du Jura. Découvert par le savant et modeste mycologue J. H. Léveillé, dans les environs de Paris.

29. CORTINARIUS Fulvescens. Fr. Stipe plein, atténué, flexueux, *mou*, glabre, blanc-paille. Cortine légère concolore. Chapeau à peine charnu, conique puis convexe plan (2-3 c.) avec un mamelon pointu plus obscur, luisant, cannelle, roux par le sec ; marge striée, *fibrilleuse*. Lamelles adnées, peu serrées, planes, minces, fauve cannelle.

Automne. Bois de pins moussus, dans l'arrière-saison.

30. PAXILLUS Leptopus. Fr. Stipe court, grêle, atténué en bas, oblique, citrin olivâtre. Chapeau charnu, *excentrique*, bosselé, glabre puis *écailleux-villeux*, jaune bistre. Chair *citrine*. Lamelles décurrentes, serrées, étroites, jaunâtres puis bistrées. Spore elliptique (0,01) ocracée-bistre.

Eté-automne. Bruyères. Semblable à Involutus, beaucoup plus petit.

31. HYGROPHORUS Lucorum. Kalch. (Ic. xix. 4.) Stipe fistuleux, allongé atténué en haut, tendre, *blanc* à teinte citrine ; *anneau fibrillo-visqueux*. Chapeau mamelonné, convexe plan (2-3 c.) visqueux, citrin-paille. Chair humide blanche. Lamelles décurrentes, espacées, blanches puis citrines.

Automne. En troupe sous les mélèzes. Com. découvert la même année et dans une station identique, par mon ami C. Kalchbrenner.

32. LACTARIUS Helvus. Fr. Stipe plein puis creux, *pruineux*, ocracé-incarnat, blanc pubescent à la base. Chapeau charnu, *fragile*, plan déprimé (5-10 c.), *granulé-floconneux*, incarnat grisâtre, pâlissant. Chair jaunâtre, balsamique ; lait peu abondant, souvent aqueux, doux et blanc. Lamelles serrées, décurrentes, souvent dichotomes, minces, incarnat-citrin pâle. Spore jaunâtre, verruqueuse.

Automne. Bois de pins des Vosges. Voisin du Rufus et vénéneux.

33. L. Flexuosus. Fr. Stipe plein, obèse (2-3 c.) ou atténué en bas, sublacuneux, tomenteux à la loupe, gris jaunâtre, plus blanc en haut, jaunissant à la base. Chapeau charnu convexe plan, déprimé (5-9 c.), glabrescent, souvent zoné, rivulé, écailleux, *gris ou lilacin*, pâlissant. Chair dure, grenue, blanche. Lait très-acre et blanc.

Eté-automne. Bois gramineux de la plaine.

34. CANTHARELLUS Rufescens. Paul? Stipe, *plein*, *obconique*, incarnat pâle. Chapeau convexe-cyathiforme (2-3 c.), mince, glabre puis rayé, chamois incarnat; marge enroulée, ondulée, villoso-pruineuse, blanche. Chair blanchâtre puis incarnat pâle, douceâtre et balsamique (sucre brûlé). Lamelles serrées, très-étroites, rameuses, couleur de crême puis concolores. Spore (0,003-4) ovoïde-sphérique.

Automne. En troupe dans les supinières du Jura. Ressemble à Cl. Vermicularis. Son odeur se développe par la dessiccation.

35. LENTINUS Adherens. A. S. Stipe plein, subéreux, courbe et renflé à la base, tomenteux, cannelé et concolore. Chapeau subsubéreux, convexe puis cyathiforme (4-8 c.), pulvérulent villeux, noisette clair, *enduit* ainsi que le stipe et l'arête des Lamelles, d'une *résine couleur d'ambre ou de miel*. Chair élastique, *amère*, astringente, balsamique et blanche. Lamelles espacées, sinuées et décurrentes par de longues côtes, *blanc de neige*; arête denticulée fimbriée. Spore elliptique incurvée (0,04), biocellée.

Automne et hiver. Cespiteux sur les souches de sapin du Jura.

36. BOLETUS Bovinus. L. v. Mitis Kr. Stipe court, grêle, blanc jaunâtre, incarnat purpurin en bas. Chapeau convexe (5 c.), ferme, ocre gris, visqueux, *incarnat purpurin* par le sec. Chair blanche, douce, incarnate sous la pellicule et à la base du stipe. Tubes composés, à orifice anguleux, jaunes puis gris olive.

Eté-automne. Bois de pins des Vosges. Com.

37. B. Flavidus. P. Stipe grêle, mou, paille ou teinté de citrin, parsemé de glandules fuligineuses au-dessus de *l'anneau visqueux*. Chapeau mamelonné convexe-plan, visqueux, jaune-paille, grisâtre. Chair citrin pâle, douce. Tubes décurrents, composés, anguleux, paille-ocracé.

Eté-automne. Forêts de pins humides des Vosges.

38. POLYPORUS Benzoïnus. Wahlb. Dimidié conchoïde (5-7 c.), subéreux-tendre, *tomenteux-scabre*, ridé plissé et durci par le sec, brun, subzoné et *taché d'un enduit résineux bleu-noir*. Chair floconneuse (1 c.), s'imbibant facilement, ocre-fauve, odeur de fumée ou de gaz. Pores petits, inégaux, dentelés à la loupe, blanchâtres puis cannelle.

Fin automne. Souches des forêts du haut Jura.

39. Weinmanni. Fr. Sessile, versiforme (3-6 c.), tenace, *hérissé*, blanchâtre puis roux ; marge amincie et *blanche*. Chair spongieuse et blanche. Pores inégaux, labyrinthés, blancs, bruns ou roux au contact.

Automne. Souches de sapin, dans le haut Jura. (Morthier).

40. P. Micans. Ehrh. Etalé-adné, arrondi, souvent confluent, très-délicat, ténu, mou, *incarnat-blanchâtre*, entouré d'une marge *soyeuse* et *blanche*. Pores très-minces, anguleux, finement crénelés, alvéolés, incarnat-ocre, chatoyants.

Eté-automne. Sur les branches sèches, saule.

41. CYPHELLA Friesii. Q. Claviforme, brièvement stipité (0,5 à 1 millim.), membraneux, tubuleux, ténu, floconneux-laineux; jaune-fauve. Orifice subcilié et béant. Hyménium blanc Spore ovoïde (0,006).

Printemps. Epars dans les souches creuses (orme), Jura. Miniature du Cyphella Digitalis, dont il a le voile et l'habitus.

KNEIFFIA. Fr.

Membraneux, résupiné, homogène, incrustant. Hyménium hérissé de poils sétacés, microscopiques, dressés puis flétris et affaissés sur eux-mêmes. Spore ovoïde. Epiphyte.

42. KNEIFFIA Setigera. Fr. Aranéo-floconneux, étalé (3-6 c.), très-délicat et éphémère, blanc de neige; poils espacés, souvent agglomérés, égaux, rigides, courts (0,2) très-fins et hyalins, ne formant bientôt plus qu'un tomentum léger et lâche. Spore ovale-pruniforme.

Hiver et printemps. Souches creuses des collines du Jura dont il se détache aisément sous forme de membranes.

43. THELEPHORA Atrocitrina. Q. Cespiteux, rameux-lobé ou latéral (5-8 c.), gris noircissant. Rameaux épais, aplatis, crispés ondulés, *très-tendres*, (compressibles), pruineux, *blancs* prenant une légère teinte citrine. Spore sphérique, verruqueuse, jaunâtre.

Eté-automne. Humus des forêts humides du Jura.

44. STEREUM Avellanum Fr. *Dur*, coriace, marge étroitement réfléchie, *villeuse*, brunâtre. Hyménium *velouté-pruineux* puis glabre, grisâtre-rouillé ou fauvâtre, parfois sanguinolent.

Hiver et printemps. Branches mortes (coudrier, hêtre).

S. Cristulatum. Q. Conchoïde campanulé (1-2 c.), festonné, lobulé, libre, substipité, mince, rigide, velouté de poils *soyeux* et *retroussés* en zonés squarreuses, gris ou bistre, blanc au bord. Hyménium *incarnat* pâlissant ou ocracé. Spore ovoïde.

Automne. Rameaux secs, hêtre, aubépine, églantier.

45. CORTICIUM Lividum. Pers. Etalé, agglutiné, céracé-gélatineux, sans bordure, glabrescent, un peu visqueux puis raide et crevassé par le sec, *versicolore*, variant du gris bleuâtre au bistre purpurin.

Hiver-printemps. Troncs cariés et souches des forêts de la plaine.

46. C. Dubium. Q. Cupule (1-2 millim.) subtipitée, globuleuse, ne s'ouvrant en urcéole que dans l'air humide, laineux, blanc de neige. Hyménium livide, *verdoyant*, puis olivâtre. Spore ovoïde-elliptique.

Hiver. En troupe sur les lilas vivants.

47. CLAVARIA Kunzei. Fr. Gracieux buissonnet (2-4 c.) délicat, glabre, pruineux, *sub-hyalin*, blanc de neige (citrin par la dessiccation); rameaux fins, cylindriques, aplatis aux dichotomies. Inodore et doux. Spore oblongue (en virgule), blanche.

Fin automne. Humus des bois ombragés du Jura. Com.

II. PÉRIDIÉS.

1. LYCOPERDON Montanum. Q. (Brunneum Sec.?) Ovoïde turbiné (3 c.), brun chocolat, pâlissant, bai au sommet, paille à la base. Voile mince, formé d'aiguillons courts (1 millim.), *anguleux*, serrés, fasciculés et souvent réunis par la pointe; les aiguillons du centre des faisceaux sont plus gros et caducs, les périphériques persistent en cercles grenus. Péridium membraneux puis papyracé, orné (après la chute des aiguillons) de *petits disques gris et brillants bordés de grains bruns*. Orifice mamelonné, étroit et fimbrié. Base stérile formée de grandes cellules et surmontée d'une columelle conique. Glèbe blanche puis jaune, olive et bistre. Spore (0,0035) granulée, fauve.

Eté. Groupé dans les gazons alpestres des Vosges. Retrouvé en Hongrie par C. Kalchbrenner.

2. L. Hirtum. (Mart.) Umbrinum, P. (Ic. p. xviii). Ovoïde, turbiné, pyriforme (2-3 c.), blanchâtre puis bistre. Voile charnu, assez épais, fragile, hérissé d'aiguillons *ténus, serrés*, parfois pyramidés, *marcescents*. Péridium subcoriace, persistant. Orifice mamelonné, étroit, fimbrié. Base stérile formée de grandes cellules blanches puis *violettes*, sans columelle. Spore (0,006) finement aculéolée, fauve.

Eté-automne. En troupe dans les bois de conifères.

3. L. Atropurpureum. Vitt., décrit sous L. Hirtum, ch. du Jura et des Vosges, p. 358.

4. L. Candidum. P. (Ic. et des. xiii), n'est autre que L. Cruciatum. Rosk. et n'a rien de commun avec L. Echinatum. P.

5. BOVISTA Tomentosa. Vitt. (I. 10). Globuleux (2 c.), semi-hypogé, muni de plusieurs radicelles filiformes. Voile mince, *tomenteux*, aréolé, tacheté, blanc, marcescent ou tombant en partie. Péridium mince papyracé, persistant, blanc puis bistre, taché de *violet* ou de gris, *brun* à la base. Orifice petit. Glèbe odorante, blanche puis bistre ou châtaine. Spore (0,004) ovale sphérique subtilement aculéolée, jaune puis fauve.

Eté-automne. A demi enfoui dans les terrains arides ou sablonneux (*).

(*) Intermédiaire entre Bovista Pusilla (Batsch.) et Bovista Defossa Vitt. récolté aux environs de Paris par le Dr Bertillon et que ce savant mycologue m'a généreusement communiqué ainsi que beaucoup d'autres espèces rares de la même région.

2

6. HYDNANGIUM Stephensii. Berk. Globuleux-bosselé (2-3 c.), muni de quelques courtes radicelles fibreuses. Péridium ténu, adhérent, lisse, blanchâtre, finement rayé de veines diaphanes, puis ocracé ou argileux (à l'air et au toucher). Glèbe charnue gélatineuse, très-élastique, tenace, formée de lacunes comprimées-chiffonnées, blanches avec les interstices jaune clair. Lait blanc se teintant de citrin à l'air. Odeur de fruits (Lact. Insulsus). Spore sphérique (0,013) aculéolée, jaunâtre.

Eté. Forêts ombragées des collines du Jura.

III. CUPULÉS.

1. GENEA Hispidula. (*) Berk. Globuleux-lenticulaire (5-8 millim.), bosselé, aréolé-verruqueux, bistre, hérissé de poils courts, divariqués et roux. Chevelure basilaire très-ténue, bistre. Orifice (0-5 millim.) supérieur et central, rond, cilié et brun. Glèbe blanchâtre, peu odorante, formant une cavité granulée et bistrée. Spore elliptique (0,03) hyaline, ornée de tubercules serrés et hémisphériques.

Eté-automne. Collines inférieures du Jura, avec Tuber Mesentericum.

HYDNOBOLITES. T.

Glèbe charnue chiffonnée en cavités sinueuses et inégales. Thèque globuleuse, brièvement pidicellée. Spore sphérique réticulée-alvéolée.

2. H. Cerebriformis. (Corda) T. Déprimé, bosselé (noisette) lisse, pruineux *blanc*, jaunissant ou roussissant à l'air. Voile byssoïde, très-fugace, blanc de neige, quelquefois

---

(*) Cette espèce semble relier le genre Tuber au sous-genre Ciliaria des Pezizées. Il n'y a pas loin de ce Genea au P. Hémispherica, si on fait abstraction des organes de fructification.

absent. Glèbe compacte, labyrinthéc, caverneuse, *blanc hyalin* puis ocracée; odeur faible de pomme. Spore (0,02), citrine, alvéolée.

Eté. Humus des forêts ombragées du Jura et des Vosges.

PACHYPHLOEUS. T.

Écorce épaisse, charnue, verruqueuse munie d'une cavité circulaire au sommet. Glèbe veinée, charnue, odorante. Spore sphérique, alvéolée ou verruqueuse.

3. P. CITRINUS. Berk. Globuleux irrégulier, *granulé*, fauve, couvert d'un voile poudreux *citrin*, verdoyant au sommet. Glèbe *citrine*, marbrée de lignes blanches et jaunes. Spore jaune (0,016) aciculée.

Eté. Bois de trembles. Jura.

4. TUBER DRYOPHILUM. T. Globuleux (1-2 c.) assez régulier, finement tomenteux, blanc, teinté de chamois puis brun clair (taché de violet, T.). Glèbe ferme, blanchâtre puis grise, *lie de vin* puis bistre, veinée-marbrée de blanc. Odeur de fruits, acidule. Spore elliptique (0,03) réticulée-alvéolée, jaune puis fauve.

Automne. Sous les noisetiers dans les collines inférieures du Jura.

5. PEZIZA LEUCOTRICHA. A. S. Petit grelot (3-5 millim.) tout blanc, hérissé de soies entrecroisées. Hyménium glaucescent. Spore naviculaire (0,03), biocellée.

Septembre. Humus des bois couverts. Rare.

6. P. UMBRATA. Fr. Disque (5-8 millim.) blanc ocracé, velouté, cilié de poils fauves très-courts (1 millim.). Hyménium rouge rutilant. Spore (0,02), sphérique, verruqueuse.

Eté. Terre humide des forêts montagneuses.

7. P. INFLEXA. Bolt. Cupule hémisphérique (1 millim.)

blanche; marge ornée de *dents triangulaires fermant l'orifice et s'ouvrant en étoile par l'humide*; stipe fin (1 millim.). Hyménium glauque ou jaunâtre. Spore cylindrique, cloisonnée.

Eté. Tiges herbacées dans les forêts des montagnes. Jura.

8. P. POLYTRICHI. Schum. Disque épais, charnu-céracé, globuleux puis concave (3-5 millim.), rougeâtre, floconneux; marge fimbriée-cotonneuse, blanchâtre. Hyménium vermillon. Spore sphérique (0,015)

Hiver-printemps. Sur la terre parmi les Funaria Hygrometrica.

9. STICTIS OCELLATA. P. Disque orbiculaire (1-2 mm.), épais, (concave puis plan), *brun-fauve*, ocracé en dedans; marge denticulée, pruineuse, *blanche*. Spore elliptico-lancéolée (0,05) fauve, inéquilatérale.

Hiver. Branches de tremble.

ONYGENA. P.

Péridium membraneux, globuleux, astome, déhiscent par lambeaux. Glèbe céracée puis pulvérulente. Capillin rameux. Thèque sphérique, très-fugace. Spore libre de très-bonne heure et paraissant exospore. (*)

EQUINA. P. Voile furfuracé blanc grisâtre. P lenticulaire, membraneux-feutré, concave en dessous et se détachant par la base. Stipe cylindrique (1-2 c.) Spore elliptique simple, épispore fauvâtre, noyau hyalin.

Sur les sabots de cheval. (Mougeot).

PILIGENA. Fr. Voile grenu-aréolé, blanc, teinté de sulfurin puis gris. P globuleux-hémisphérique ombiliqué en

(*) Ce genre appartient aux Péridiés par sa forme, sa nature et sa morphose; il ne se rattache aux ascophores que par l'existence de thèques éphémères. Il constitue un groupe isolé, un ilot, entre les deux ordres précédents qui forment des continents nettement séparés.

dessous, membraneux-feutré, déhiscent autour du stipe. Glèbe blanche puis brune. Capillin rare. Spore elliptique (0,006), biocellée, blanc citrin. Stipe allongé (2 c.), cylindrique, fibreux, pruineux, blanc.

Sur des fientes formées d'os et de poils de petits rongeurs.

Mutata. Q. P globuleux-bosselé (2-5 millim.), membraneux, ténu, finement tomenteux, blanc puis ocracé-olive. Glèbe céracée puis pulvérulente, *blanc rosé*, jaune et enfin *fauve rhubarbe*. Capillin ténu et rameux. Thèque globuleuse. Spore sphérique ou oculiforme, *tuberculée*, jaune puis olive. Mycélium safrané.

Confluent sur les vieux ongles de bœuf.

Omissions.

Cortinarius Cumatilis. Fr. Stipe plein, ferme (long de 5-8 c. épais de 2-3.), blanc, muni à la base d'une *gaîne volviforme* concolore. Chapeau convexe (5-8 c.), lisse, visqueux, *violacé* ou *lilacin* puis ocracé. Chair blanche. Lamelles atténuées-adnées, presque libres, serrées, étroites, blanches puis argileuses. Spore ovoïde (0,04) aculéolée.

Automne. Isolé ou groupé dans les bois humides.

C. Croceocaeruleus. P. Stipe creux, grêle, *fragile*, glabre, blanc ainsi que la cortine. Chapeau convexe-plan (3 c.), lisse, visqueux, lilas azuré tendre. Chair molle et blanche. Lamelles émarginées, oncinées, lilacines puis argileuses, safranées. Spore safranée (0,04) ovoïde-sphérique, granulée.

Automne. Bois montueux.

Marasmius Cauticinalis. With. Stipe fistuleux, rigide, grêle (3-4 c.), tomenteux, brun bistré ou olivâtre, souci à la base ; naissant de fins filaments rameux et noirs. Chapeau membraneux, convexe plan (2 c.), mince, glabre puis strié et sillonné, jaune fauve. Lamelles *adnées-décurrentes*, un peu espacées, réunies par un réseau de nervures, jaune clair. Spore ovoïde (0,005) blanche.

Automne. — En troupe dans les forêts montagneuses, sur les aiguilles et les feuilles.

Lentinus Flabelliformis. Bolt. Stipe grêle ou rudimentaire, latéral ou excentrique, glabre et concolore. Chapeau mince, coriace, *réniforme* (2 c.), rarement orbiculaire, plan, glabre, chamois pâle ; marge unie, paille, puis festonnée et *fimbriée-crênelée*. Lamelles espacées, larges, dentelées, blanc crême. Spore elliptique (0,007) subtilement aculéolée.

Automne. — Sur les ramilles mortes des forêts montagneuses. (Sapin-Morthier *).

Clitocybe Sinopicus. Fr. Stipe *plein*, ferme, *strié-fibrilleux*, brun fauve. Chapeau mince, convexe ombiliqué puis en coupe (5 c.), villeux à la loupe, roux aurore (bai pâle par le sec) ; marge onduleuse et satinée. Chair *blanche* à odeur de farine. Lamelles serrées, arquées-décurrentes, blanches puis crême. Spore (0,008) ovoïde.

En groupes, dès le printemps, dans les forêts de pins du Jura.

(*) Ces deux rares espèces m'arrivent tardivement dans une splendide cueillette de mon ami P. Morthier, professeur d'histoire naturelle à Neuchâtel. Cet habile et sagace observateur, à l'exemple de Chaillet, son illustre devancier, explore la fonge du Jura méridional avec autant de succès que d'éclat.

MYXOGASTRES.

Les Myxogastres ou Myxomyceles sont de tous les champignons ceux qui, par leur nature, s'éloignent le plus du règne végétal ; aussi des Mycologues éminents furent tentés de les ranger définitivement dans le règne animal sous le nom de Mycétozoaires (De Bary). Avec Berkeley et A. Brongniart je pense qu'ils doivent former une famille de l'ordre des Péridiés.

Privés de thèques ou de basides, ils se montrent d'abord sous l'aspect d'une pulpe ou *Gangue* muco-gélatineuse, molle et laiteuse, blanche, plus rarement colorée et qui adhère aux doigts à la façon de la crême. Cette pulpe amorphe qui joue le rôle de mycélium, se convertit par une transformation rapide en péridiums isolés, groupés ou adnés, de forme et de couleur très-variables. Ces derniers sont pleins d'une *Glèbe* diffluente, opaline puis colorée, qui, par la formation du capillin ou des élatères et des spores, devient floconneuse et pulvérulente.

Un Myxogastre est ordinairement une agglomération ou une colonie d'individus vivant en société, accolés ou épars dans un nid commun, *Hypothalle*, *Plasmode* ou simplement *Mycélium*, consistant, soit en une couche membraniforme très-mince, soyeuse ou glacée, opaque ou pellucide, le plus souvent semblable à une tache d'albumine ou de gomme ; soit en veines rameuses, anastomosées ou réticulées. A mesure que la gangue prend de la consistance, on voit dans la substance amorphe se dessiner un relief vague, puis on y reconnaît les formes du réceptacle ou des péridiums, dont les modes de formation sont les suivants : 1° Dans les espèces simples, il se forme un péridium membraneux unique.

recouvert d'un voile furfuracé (Lycogala, Didymium).
2° Dans les espèces composées, il se forme une croûte
épaisse et vernissée, commune à toute la masse et tenant
en dissolution beaucoup de sels de chaux ; puis l'intérieur
de la gangue est divisée en cellules qui sont autant de péridiums connés ou soudés ensemble (Licea). 3° Dans les espèces libres ou espacées, mais réunies par un mycélium
maculiforme (Trichia) ramifié (Physarum) ou réticulé
(Diachea), chacun des individus de la troupe possède un
péridium propre.

Le *Péridium* est composé d'une couche membraneuse,
papyracée ou scarieuse, souvent très-ténue, très-délicate,
fragile et fugace, paraissant être le résultat de la concré-
tion de la gangue. Il est sessile ou stipité, sphérique, ovoïde,
ellipsoïde, pulviné ou étalé. Il est nu ou couvert d'un *voile*
crustacé, furfuracé ou pruineux. Sa forme gracieuse repré-
sente tantôt des amphores ou des coupes en miniature, tantôt des perles, des œufs d'insectes ou des baies. Le plus
souvent coloré et brillant, il prend à la maturité une teinte
irisée et un éclat métallique tout-à-fait propres à ce groupe
de champignons.

La déhiscence et la dissémination présentent aussi de
curieux phénomènes et s'opèrent, suivant les genres, de
différentes manières : le péridium s'ouvre à la maturité
1° par un *orifice* irrégulier (Lycogala), 2° par une *déchirure*
en éclats (Physarum), 3° par un *opercule* qui tombe de
bonne heure (Craterium), 4° par la chute de la moitié supérieure, la base persistant sous forme de *cupule* (Arcyria),
5° enfin il tombe en entier ainsi que le voile, au plus léger
frôlement, en fragments très-menus et souvent impalpables
(Stemonitis).

Pendant que se forme le péridium, la *glèbe* se transforme
aussi de son côté ; les *spores* avec le capillin ou les *élatères* qui sont ses sporophores, font leur apparition. Le *Ca-*

pillin et le *Réseau*, (*Capillitium* ou *Flocci*), sont des cellules tubuleuses, très-ténues, diaphanes, simples, rameuses, anastomosées-réticulées, qui par leur expansion élastique, dispersent les spores. Les *Elatères*, très-analogues à celles des hépatiques, sont des filaments tubuleux, formant d'élégantes spirales glabres, granulées ou épineuses ; ce sont des ressorts destinés à projeter au loin les spores.

Le péridium présente souvent dans son axe, un autre organe, la *Columelle* ou *Stilidium* qui est la continuation du stipe, pénètre plus ou moins avant dans la glèbe et la traverse quelquefois dans toute son étendue. On la trouve souvent à l'état rudimentaire. Elle sert de point d'attache au capillin qu'elle relie au péridium, sous forme de réseau aussi souple que délicat.

La spore sphérique ou ovale, prend en s'affaissant des formes variées ; elle est simple, glabre, papilleuse ou tuberculeuse et munie d'un véritable *hile* (Corda) par lequel le capillin ou l'élatère la porte et la nourrit. L'*Epispore* est coloré et ocellé ; il en sort des boyaux ciliés comme les zoospores (De Bary), se contractant et rampant à la manière des Amibes. Ces cils disparaissent bientôt, le germe s'accroît en une masse muqueuse irrégulière ou *Plasmodium* (De Bary), sorte de pseudomycélium que j'appellerai encore mycélium pour simplifier le langage mycologique.

Champignons météoriques par excellence, les Myxogastres abondent dans les jours les plus humides de l'année, du printemps à l'automne, aussi bien sur les plantes vivantes et sur les mousses que sur le bois pourri et les feuilles mortes. Autant les autres champignons sont vivaces si on les considère dans leur mycélium, autant ceux-ci se hâtent de vivre ; Schweinitz en a vu se développer sur du fer qui peu d'heures auparavant avait été rougi au feu. Ils semblent, tant leur croissance est subite et rapide, plutôt puiser les éléments de leur vie dans l'air ambiant que dans leur substratum qu'aucun mycélium ne pénètre et auquel ils n'adhèrent que faiblement. Leur transformation, dit Montagne, est une opération de la nature aussi merveilleuse qu'incompréhensible ; elle se fait souvent en peu d'heures, et l'observateur peut facilement assister à toutes ses phases.

Cette charmante petite famille dont les brillantes espèces se conservent si bien et tiennent si peu de place dans l'herbier, forme après les Mousses, la collection la plus facile et la plus agréable. La délicatesse des formes n'échappe pas à l'œil nu, comme chez les Mucédinées et leurs nuances tendres ou vives, mêlées de reflets métalliques contrastent avec les sombres couleurs de leur gîte. Dans notre région, parmi tant de créatures qui briguent notre préférence et réclament notre attention, les Myxogastres nous offrent une étude des plus attrayantes et certainement la plus mystérieuse.

MYXOGASTRES Fr.

I. Péridium sessile, arrondi, en coussinet ou difforme.

LYCOGALA. Mich.

Péridium membraneux, mince et diaphane, puis scarieux et fragile ; voile pulvérulent-villeux, léger. Glèbe pulpeuse mêlée de flocci adnés au péridium. Spore globuleuse, tuberculeuse. Mycélium vernissé.

1. MINIATUM. P. Subglobuleux (1 c.) glabre, vermillon clair, puis violet brun, souvent furfuracé-écaillé, s'ouvrant irrégulièrement. Pulpe écarlate puis lilas-cendré. Capillin ténu et rameux. S sphérique, tuberculée, incarnate, brun-pourpre. V. *Contortum*. Ditm. allongé-flexueux.

Cespiteux sur les souches de conifères.

2. PUNCTATUM. P. (Bull-476 : 3.). P globuleux ou allongé (5 mm.), membraneux puis scarieux, pruineux, violacé cendré ou lilacin puis bai ponctué de grains serrés et plus obscurs. Orifice supérieur souvent régulier. Glèbe incarnate puis grise ou bistre. S sphérique, finement aculéolée, lilacine.

Groupé sur les souches, frêne, orme.

3. PARIETINUM. F. P globuleux (1 mm.), fragile, noir bleuâtre ou verdâtre. Pulpe sulfurine. S concolore.

En troupe sur les parois humides, papier, bois, etc.

4. CONICUM. P. P conique (3-5 mm.) obtus granulé, rouge, violet-purpurin puis olive, striolé de courtes fibrilles. Pulpe rouge violacé.

Epars sur les souches et racines, bouleau, aune, rare.

RETICULARIA. Bull.

*Péridium simple, indéterminé, mince, fragile et caduc;
Flocci arborescents réticulés, adnés au péridium. Spore globuleuse, glabre. Mycélium albumineux-soyeux très-étalé.*

1. Maxima Fr. P très-mince, tuberculeux, blanc puis bistre
purpurin. Flocci fasciculés. S pourpre noir.

Sur les troncs coupés.

2. Flavo-Fusca. Ehrenb. Coussinet très-étalé; P membraneux, blanc puis jaune, gris-olive et brun, souvent tacheté.
Flocci gris-brun. S sphérique, hyaline gris-brun. V. *Appla-
nata.* B et Br. V. *Olivacea.* Fr.

Solitaire ou confluent sur les souches et troncs. (Vosges-Pourchot.)

3. Atra. A. S. P hémisphérique (1-2. c.) très-ténu, très-
fragile, subpulviné, gris-brun ou bistre-noir, assis sur un
réseau blanc. Capillin dendroïde noir. Spore bistre-noir.

Sur les troncs de pin.

4. Argentea. P. P mince, hémisphérique aplati (2-4. c.),
lisse, blanc argenté puis gris. Flocci rameux, adnés à la
base, bruns. Spore conchoïde, granulée, bistre-doré ou
bronzé.

Sur les vieux bois.

5. Muscorum. A et S. En coussinet (5-8 mm.), isolé ou confluent sur une membrane blanche et diaphane. P granulé-
veiné, ocracé blanchissant puis gris. Flocci ocracés. Spore
bistre.

Groupé sur les mousses et les feuilles.

AETHALIUM. Linck.

*Péridium indéterminé, floconneux puis crustacé, fragile
et fugace, formant des cellules par sa continuité avec les
flocci. Spore sphérique.*

Septicum. L. (Violacea P. i. p. L. 4). Coussinet épais, étalé, (5-8 c.), à écorce mince, caduque, jaune d'or. Pulpe et flocci souvent violets, tachetés de blanc puis noirs. Spore bistre noir.

Sur les souches de sapin et de pin.

Vaporarium. Bull. Amas d'écume spongieuse, sulfurine. Pulpe citrine puis cannelle et brune.

Sur les souches, écorces, feuilles, mousses.

SPUMARIA. P.

Péridium indéterminé, crustacé, formant des plis radiés, diversement contournés. Pulpe fluide, muqueuse. Spore sphérique, lisse.

Alba. Bull. Etalé-rameux, muqueux et blanc puis fragile, pulvérulent et gris bleuâtre. Spore bistre.

Sur les mousses, les feuilles et les plantes vivantes, etc.

II. Péridium stipité ou sessile, régulier, sphérique, ovoïde ou ellipsoïde.

DIDERMA. P.

Voile crustacé, fragile et caduc. Péridium très-ténu, membraneux et fugace. Flocci naissant d'une columelle ou de la base. Spore sphérique colorée.

* Stipités.

1. Floriforme. Bull. (374). Voile crustacé, globuleux puis ouvert en étoile et réfléchi, jaune-paille. Columelle obconique. Stipe grêle cylindrique. Spore brun-noir.

Sur les troncs.

2. STELLARE. Schrad (V. 3. 4.). Voile ferme, rayé de blanc, puis ouvert en 5-8 lanières étoilées-réfléchies et blanchâtres. P lenticulaire, ombiliqué en dessous, très-délicat, noir par transparence, fauve ou chatain. Stipe court. Spore noire. Columelle arrondie.

Sur les branches de sapin.

3. VERNICOSUM. P. (Nees jun. IX. 9). Ovoïde globuleux. Voile épais, rouge cinnabre puis fauve brillant. P jaune. Stipe ténu et court. Spore noirâtre.

Rameaux, herbes, mousses.

** *Sessiles.*

4. GLOBOSUM. P. (Sturm. VI.) Globuleux-hémisphérique (2 mm.) Voile blanc. P lilacin, gris-azuré. Columelle globuleuse, blanche. Spore noire.

Groupé sur les feuilles de hêtre, comme des œufs de papillon.

5. TESTACEUM. P. (Schrad. V. 1. 2.) Globuleux-hémisphérique. Voile incarnat. P incarnat-roux.

Sur les brindilles et les feuilles mortes.

6. DEPLANATUM. Fr. (Hof. F. Cr. IX. 2.) Arrondi, aplati; voile épais blanc. P très-mince, hyalin. Pas de columelle ni de flocci. Spore brun-noir.

Sur les mousses des rameaux.

7. CYANESCENS. Fr. Arrondi irrégulier. Voile épais blanc. P cendré. Flocci et Spore brun-noir.

Sur les feuilles de chêne.

8. CONTEXTUM. P. (Sturm 39.) Allongé-flexueux. Voile citrin. P gris, blanc jaunâtre. Flocci blancs. Spore bistre.

Rameaux, tiges herbacées, fougères, feuilles et mousses.

CARCERINA. Fr.

Voile crustacé. Péridium membraneux. Spores supportées par des capillins raides. Mycelium peu apparent.

1. Spumarioïdes. Fr. (Bull. 424. 2.) Etalé, crustacé, globuleux ou irrégulier, soudés en cellules. Voile blanc. P cendré. Flocci blancs. Spore noire.

Sur les feuilles et les mousses.

2. Conglomerata. Fr. Sessile, serré, arrondi. Voile jaune. P mince, un peu déprimé, citrin pâle. Columelle et capillins blancs. Spore noirâtre.

Cespiteux sur les stipules, feuilles et mousses.

ANGIORIDIUM. Grev.

Péridium membraneux s'ouvrant par une fente longitudinale. Flocci capillaires et réticulés.

Sinuosum. Bull. Allongé-flexueux, comprimé. Voile ruguleux, blanc ou gris. P paille. Spore grise.

Sur des souches.

DIDYMIUM Schrad.

Péridium membraneux, mince. Voile furfuracé ou écailleux. Flocci adnès au Péridium. Spore sphérique colorée.

* Stipités.

1. Squamulosum. A. S. (IV. 5.). P globuleux-déprimé, ombiliqué en dessous, cendré. Voile formé de fines écailles grises. Stipe ténu, blanc. Columelle blanche. Spore brun-noir.

Sur les feuilles mortes.

2. Tigrinum. Schrad. (t. VI. 2. 3.) P. lenticulaire, ombiliqué en dessous, noir. Voile formé de fines écailles jaune verdoyant. Stipe allongé, citrin. Columelle brune. Spore bistre.

Sur le bois pourri.

3. RUFIPES. A. S. P globuleux ou ovoïde, un peu déprimé, ruguleux, noirâtre. Voile pruineux, jaune orangé, souvent irisé. Stipe court, aplati, sillonné, couleur de feu. Spore fauve.

Sur les herbes pourries.

4. XANTHOPUS. Ditm. (t. 43.) P globuleux, brun. Voile pruineux blanc. Stipe cylindrique jaune. Flocci et spore bistre.

V. *Iridis* Ditm. P pruineux, argileux. Stipe obconique, ocracé.

Sur les feuilles mortes.

5. MELANOPUS. Fr. P hémisphérique déprimé, dressé. Voile farineux, gris. Stipe subulé noir ainsi que la columelle. Spore brun foncé.

Sur les brindilles et les ronces.

6. FURFURACEUM. Fr. P lenticulaire, penché, grisâtre. Voile farineux-floconneux concolore. Stipe cylindrique blanc. Pas de columelle. Spore noirâtre.

Sur les feuilles et les brindilles.

7. FARINACEUM. Schrad. (V. 6.) P arrondi, très-fin, noirâtre. Voile floconneux-farineux cendré. Stipe ténu, brun foncé. Spore bistre.

Sur les feuilles mortes, stipules, mousses.

8. NIGRIPES. L k. P globuleux gris, pruineux. Columelle ponctiforme, noire. Stipe rigide, subulé, lisse, noir, à base discoïde, bai-noir. Spore bistre.

Stipules, feuilles et mousses. Plus petit que Farinaceum.

** *Sessiles.*

9. LOBATUM. Nees. P arrondi, lobulé, noir. Voile pulvérulent, lilas cendré. Flocci et spore brun-noir.

Sur les mousses.

10. Complanatum. Schrad. (V. 5.) P versiforme, aplani. Voile gris-azuré. Flocci ocracés, roux. Spore bistre noir.

Sur les feuilles mortes.

11. Cinereum. Batsch. (169). P subglobuleux, délicat, blanchâtre, souvent irisé. Voile crustacé cendré. Flocci réticulés blancs. Spore noire.

Sur le bois et l'écorce.

12. Serpula. Fr. P allongé flexueux, aplati, réticulé, chamois. Voile crustacé, blanchâtre. Spore noire.

Sur les feuilles.

PHYSARUM. P.

Péridium nu et sans columelle, délicat, lenticulaire, globuleux ou turbiné. Flocci réticulés ou rameux. Spore discolore.

* *Stipités.* Stipe isolé.

1. Nutans. P. P lenticulaire, ombiliqué en dessous, penché, glabre puis furfuracé, grisâtre. Stipe cylindrique, sétacé, blanchâtre. Flocci délicats, blanchâtres. Spore brun-noir.

V. Viride. Bull. (481. 1.) P jaune verdoyant, stipe verdâtre.

V. Aureum. P. (Ditm. t. 23). P jaune d'or, stipe fuligineux.

Sur les souches.

2. Albipes. Linck. (t. 44). P petit globuleux, glauque ou gris. Stipe égal déprimant en godet le péridium, blanc. Flocci blancs. Spore bistre.

Sur les feuilles de chêne.

5

3. STRIATUM. Fr. P globuleux, déprimé, ombiliqué en dessous, gris pâlissant. Stipe court, strié, épaissi en bas, brun. Capillin et spore bistrés.

Sur les vieilles écorces.

4. COLUMBINUM. P. P globuleux, jaunâtre puis violet, bleu d'acier, brillant. Stipe noir. Spore noir purpurin.

Sur les souches. Rare.

5. BRYOPHILUM. Fr. (Corda. Anl. XXIV. 5). P globuleux, gris noir. Stipe concolore, court. Spore bistre.

Mousses et hépatiques.

6. SUBULATUM. Schum. P sphérique, un peu penché, bistre puis gris-azuré. Stipe subulé jaune-fauve. Capillin et spore brun noir.

Sur les souches, très-voisin de Nutans.

7. GRACILENTUM. Fr. (F. D. 465. 3). P sphérique, petit, très-délicat, penché, brun-noir pâlissant. Stipe capillaire, débile, brunâtre. Capillin et spore noirâtres.

Sur les Hypnes.

8. MUSCICOLA. P. P ellipsoïde puis turbiné, cendré. Stipe fin, citrin, souvent rutilant. Spore lilacine puis noire.

Sur les mousses des bois de pin. Plus petit que Nutans.

9. SULFUREUM. A. S. (VI. 1). P globuleux, dressé, rugueux, furfuracé, sulfurin. Stipe ferme, court, conique, blanc. Spore bistre.

Sur les feuilles mortes. Rare.

10. PSITTACINUM. Ditm. P sphérique, grenu, verdoyant. Stipe allongé, fin, lisse, jaune en haut, écarlate en bas.

V. BULLATUM. Ditm. Stipe plus court, enflé à la base et rosé. Spore brun noir.

Feuilles mortes de hêtre.

** *Botryosa.* Stipes fasciculés.

11. Hyalinum. P. (Disp. II. 4). P globuleux, enflé, très-délicat, glauque. Stipe couché, ascendant, flasque, roux. Flocci blancs. Spore noire.

Sur les troncs.

12. Utriculare. Bull. (417. 1). P oblong, enflé, très-délicat, bleu d'acier blanchissant. Stipe flasque jaunâtre. Flocci blancs. Spore noire.

Sur le vieux bois.

13. Hypnophilum. Fr. P subsessile, très-ténu, globuleux, lisse, bai. Capillin et spore noirs.

*** *Sessiles.*

14. Lilacinum. Fr. P obovoïde, lisse, incarnat ou lilacin. Flocci peu nombreux, blancs. Spore noire.

Sur le bois pourri.

15. Album. Fr. (Nees et Bail. IX). P arrondi, déprimé, très-délicat, glabre, blanc. Flocci rares, ténus, noirs comme la spore.

Sur les bois et les végétaux décomposés.

16. Atrum. Fr. P très-délicat, arrondi, confluent, noir ; Sans flocci. Spore noire.

Sur les branches mortes.

CRATERIUM. Trentep.

Péridium papyracé, cyathiforme, nu ; déhiscent par un opercule. Flocci raides, dressés. Spore discolore.

1. Pedunculatum. Fr. (Hoffm. Cr. II. 2). P cyathiforme, penché, châtain. Opercule ferme, blanc de lait. Stipe allongé, lisse, jaune safrané. Spore noire.

Brindilles, feuilles, mousses.

2. Pyriforme. Ditm. (Sturm. t. X). P pyriforme, dressé, ocracé ainsi que le stipe ténu et lisse. Opercule ferme, blanc de lait. Spore noire.

Ecorces.

3. Minutum. Fr. (Bull. 484. 4.) P droit, pyriforme jaune pâle. Opercule convexe, concolore, blanchissant. Stipe ténu, lisse, purpurin, roussâtre. Spore noire.

Sur les feuilles pourries.

4. Leucostictum. Chev. (IX. 29.) P pyriforme, droit, lisse, gris d'étain, blanchissant. Opercule convexe, concolore. Stipe court, glabre, dilaté à la base, fauve. Spore noire.

Groupé sur les mousses (Mougeot).

5. Leucocephalum. Hoffm. (F. G. VI. 4.) P turbiné, droit, brun, brillant, pâlissant et même blanchissant. Opercule ténu, fugace, concolore. Stipe strié, bai. Flocci blancs de neige. Spore noire.

Tiges et feuilles.

DIACHEA Fr.

Péridium fugace. Stipe et columelle floconneux-pulvérulents, calcaires. Capillin, réticulé-radié autour de la columelle. Spore sphérique, colorée.

Elegans. Tr. (Bull. t. 502. 2). P ellipsoïde allongé, violet ou bleu d'acier, irisé. Stipe épais, aminci en haut, blanc. Réseau blanc. Spore violette.

Epars sur les feuilles, plantes, mousses.

STEMONITIS. Mich.

Péridium très-fugace, stipe sétacé noir prolongé en columelle. Capillin réticulé. Spore sphérique, colorée.

* *Fasciculés.*

1. Fusca. Roth. (Ehrenb. Sylv. 5.) P cylindrique, brun. Capillin serré, brun. Spore brun-noir.

Sur le bois mort.

2. Ferruginea. Ehrenb. (Bull. 477. 1). P cylindrique, capillin et spore rougeâtres puis rouillés.

Sur les souches pourries.

3. Typhoïdes. Bull. (Batsch. 176). P très-long ; capillin et spore bruns.

Sur le vieux bois.

** *Epars.*

4. Ovata. P. P très-fugace, ovoïde, bleu d'acier. Stipe court, concolore. Capillin purpurin. Spore brune.

Sur le bois pourri.

5. Obtusata. Fr. P globuleux, fugace, blanc puis brun-noirâtre. Capillin brun noir. Spore bai purpuracé.

Sur les vieux bois.

6. Papillata. P. P globuleux, brun-noir. Columelle formant une papille au sommet. Spore bai bistré.

Sur les rameaux de chêne.

7. Violacea. Fr. P arrondi, lenticulaire, ombiliqué, très-fugace, violet foncé. Capillitum lache, argenté. Spore noire.

Mousses, Vosges. (Mougeot.)

8. Arcyrioïdes. Sommerf. P globuleux très-fragile, violet bleu d'acier (persistant à la base). Réseau globuleux, lilas pâlissant. Stipe à demi-pénétrant, court, très-fin, lisse, violet-noir. Spore lilacine, ponctuée.

Sur les tiges herbacées, fougères (Pol. Rheticum).

9. Physaroïdes. Schum. (A. et S. XI. 8). Stipe allongé, fin, brun noir. P sphérique, ténu, lisse, gris argenté, tombant en écailles. Capillin réticulé, globuleux, libre. S brun noir.

Souches de sapin.

DICTYDIUM. Schrad.

Péridium stipité, très-fugace, vite grillagé. Capillin réticulé, sans style. Spore sphérique, hyaline.

Umbilicatum. Schrad. (Batsch. 232). P globuleux-turbiné, ombiliqué, penché ou pendant, veiné-réticulé, brun-pourpré. Spore brun purpurin.

Souches de pin et sapin, de peuplier.

Microcarpum. Schrad. P globuleux, blanchâtre puis fauve ponctué de noir, suspendu penché sur un stipe ténu et allongé, brunâtre-purpurin. Spore fauve.

Souches de sapin.

CRIBRARIA. Schrad.

Péridium stipité, à partie supérieure caduque ; réseau persistant sur une base cupuliforme. Spore colorée.

* *Péridium obovoïde.*

1. Macrocarpa. Schrad. P droit, obovale, violacé puis cannelle et brun. Capillin formé de nervures dichotomes, divariquées. Spore chamois.

Souches de pin.

2. Argillacea. P. P subglobuleux puis ovoïde ocracé. Stipe court fuligineux. Spore argileuse.

Souches de sapin et de saule

** *Péridium globuleux.*

3. PURPUREA. Schm. P globuleux lilacin ou purpurin puis bistré. Stipe court, fibreux, strié, lilacin bistré. Spore fauve purpurin.

Souche de pin.

4. VULGARIS. Schrad. P sphérique, pendant, argileux. Stipe long purpuracé. Capillin noueux. Spore ocre.

Souches pourries.

5. AURANTIACA. Schrad: P sphérique, petit, pendant, orangé-roux. Capillin noueux. Spore jaune orangé.

Souches pourries, rare.

6. TENELLA. Schrad. P sphérique, recourbé, bistre, brillant. Capillin noueux. Spore ocre.

Sur les troncs pourris.

ARCYRIA. Mich.

Péridium ovoïde ou ellipsoïde, stipité, très-caduc, dont la base persiste sous forme de cupule. Capillin réticulé, s'élevant de la cupule en panache droit ou penché et de couleur agréable.

1. PUNICEA. P. P ellipsoïde, rose purpurin, brillant. Capillin strié et aciculé. Spore purpurine.

Sur le bois pourri.

2. INCARNATA. P. P ovoïde, incarnat rosé tendre. Stipe ténu. Capillin verruqueux. Spore incarnate.

Sur le bois pourri.

3. CINEREA. Bull. P ovoïde globuleux, gris. Capillin glauque ainsi que la spore.

Sur les souches.

4. Nutans. Bull. (t. 502. f. 3). P ellipsoïde citrin pâle. Capillin nodulé, arqué-allongé et spore ocracés.

Sur le bois pourri.

5. Ochroleuca. Tr. P globuleux, substipité, blanc crémeux. Capillin dressé et spore blanc ocracé.

Sur le bois pourri.

TRICHIA. Hall.

Péridium éclatant au sommet ou déhiscent circulairement. Spores projetées par un capillin ou des élatères.

* *Hemiarcyria.* Péridium tombant par déhiscence circulaire et muni d'élatères.

1. Botrytis. Gmel. (Batsch. 172). P ellipsoïdes-turbinés formant une grappe d'un noir pourpre brillant, par la soudure des stipes allongés et bruns. Capillin et spore brunpourpre.

V. Rubiformis. P. P bleu d'acier brillant. Stipes fasciculés et plus courts.

Sur les troncs pourris.

2. Pyriformis. Hoffm. (Cr. I. 1.). P turbiné-pyriforme, brun noir purpurin. Stipes connés-rameux, brun noir. Capillin épineux et spore rhubarbe safrané.

Sur les vieilles souches.

3. Serotina. Schrad. P ovoïde, bai foncé. Stipe cylindrique brun. Capillin et spore paille.

Sur les souches. Ressemble à Pyriformis.

4. Fallax. P. (Schmidel XXXIII. 1). P turbiné-globuleux, plissé en dessous, rouge vermillon puis argileux. Capillin ocre bistre. Spore ovale ocracée.

Sur le bois pourri.

5. CLAVATA. P (Sturm. t. 25). P obovoïde, gros, scarieux-métallique, jaune. Stipe rugueux, jaune, fauve à la base. Capillin et spore ocracés

Sur les souches. Son péridium, en grande partie persistant, lui donne l'aspect d'un Cratérium.

6. CERINA. Ditm. (I. XXV). P ovoïde-claviforme, couleur de cire ou olivâtre. Stipe allongé, fauve, olive. Capillin et spore sulfurins.

Souches de sapin.

** *Goniospora*. Péridium ouvert en éclats. Capillin élastique.

7. NIGRIPES. P. (Ic. et desc. XIV. 3). P ellipsoïde, court, retréci au milieu, ocracé clair. Stipe ténu, très-court, bistre noirâtre. Capillin et spore ocracés.

Sur les troncs, les brindilles et les mousses.

8. CHRYSOSPERMA. Bull. (t. 447. 4). P ovoïde globuleux, sessile, jaune puis fauve, brillant. Capillin épineux et spore jaune d'or.

Sur les vieux troncs.

9. VARIA. P. (Batsch. 171). P globuleux réniforme ocracé, sessile, confluent. Capillin et spore ocracés.

Sur le bois pourri.

10. SERPULA. Scop. (P. Ic. et desc. XII. 1). P flexueux, crispé et réticulé, jaune d'or puis fauvâtre. Capillin et spore jaune brillant.

Bois mort, feuilles.

PERICHAENA. Fr.

Péridium globuleux, membraneux, nu, déhiscent par lambeaux ou circulairement. Flocci rares ou nuls. Spore sphérique.

1. POPULINA. Fr. P globuleux déprimé, jaune brun, s'ouvrant circulairement. Flocci et spore jaunes.

Troncs de tremble.

2. INCARNATA. A. S. (X. 6). P hémisphérique, ovale ou linéaire, ténu, fragile, s'ouvrant en lanières, incarnat, brillant d'un reflet d'acier. Pulpe blanche puis rosée ; flocci rares. Spore incarnate.

Epars ou conflueuts sur du bois de sapin.

3. ABIETINA. Fr. P globuleux-ovoïde, bai noir, s'ouvrant circulairement. Flocci et spore jaunes.

Sur le bois de sapin.

PHELONITIS Chev.

Péridium papyracé, persistant, déhiscent circulairement. Spore très-grande, scabre.

STROBILINA. A. S. P globuleux, papyracé, s'ouvrant circulairement par le milieu, brun-fauve. Spore elliptique, jaune pâlissant, tuberculeuse.

Cônes d'épicéa.

LICEA Schrad.

Péridium tubuleux-ellipsoïde, mince, lisse, s'ouvrant irrégulièrement. Sans Capillitium. Spore colorée. Cespiteux sur une membrane soyeuse.

CYLINDRICA. Bull. (Batsch. 175). P ellipsoïdes connés, brun fauve. Spore rouillée.

En coussinet sur les souches.

FRAGIFORMIS. Bull. (t. 384). P cylindro-ellipsoïdes, rouge

cerise éclatant, glomérulés sur une membrane soyeuse argentée. Spore fauve purpuracé.

Souches de sapin.

4ᵉ ORDRE. NUCLÉÉS.

Les Nucléés (Pyrenomycetes Fr.) êtres extrêmement polymorphes et rangés jusqu'aujourd'hui parmi les champignons, sembleraient, en raison de leur importance et surtout de leur multitude, devoir en être distraits pour former une classe intermédiaire entre les Fonginées et les Lécidinées. Ils ont l'aspect de petits grains ou nucules membraneux, cornés ou carbonacés, d'environ 1 mm. de diamètre, simples et disséminés à la surface des végétaux ou réunis sur un réceptacle de forme variable ou *Stroma*.

Ils sont formés 1° d'une enveloppe close, *Périthèce*, muni ou non d'un orifice excréteur des spores ou *Ostiole* ; 2° d'un hyménium ou *Nucléus* liquescent, opalin ou coloré, souvent noirâtre, composé de filaments simples ou rameux, continus ou articulés, *Paraphyses*, entre lesquels sont placées les *Thèques* ou *Asci*. Ces deux sortes d'organe gisent dans un mucus gélatineux susceptible de se gonfler par l'humidité dont il est fort avide et capable d'entraîner hors du périthèce les thèques avec leur contenu, c'est-à-dire les spores. Les thèques sont claviformes ou linéaires et plus rarement globuleuses ; elles sont anhistes et composées de deux couches transparentes. La forme de cet organe change avec l'âge. La *spore* varie entre la forme sphérique et celle en aiguille, elle est simple (une seule cellule) ou composée (plusieurs cellules).

Le *Mycélium*, toujours différent et distinct du stroma, se confond souvent avec le substratum et offre les formes les plus étranges : les Himantia, les Sclerotium, les Rhizomorpha, etc., regardés autrefois comme autant de champignons autonomes.

Le stroma est vertical ou horizontal : capitulé, claviforme, simple ou rameux ou bien globuleux, pulviné ou étalé. Il est carbonacé, ligneux, subéreux ou charnu ; coriace, friable ou souple, glabre ou velu, verruqueux, pulvérulent, ou bien poli et glabre ; il est noir ou coloré. Il peut être oblitéré, c'est-à-dire remplacé par le substratum modifié, *Pseudostroma*, offrant l'aspect d'un stroma cotonneux, byssoïde ou pulvérulent.

Le Périthèce est isolé ou groupé, dressé, convergent, ou divergent, épi-hypo-amphi ou périphérique. Il niche plus ou moins profondément dans le stroma ou dans le substratum ; il peut y être entièrement caché ou *immergé* (Halonia cubicularis) ou n'y adhérer que par la base et être libre ou *superficiel* (Sphaeria Moriformis). Il est encore *mono* ou *polystique*, selon qu'il forme une ou plusieurs rangées superposées. Il est sphérique, orbiculaire, étoilé ou difforme ; corné, subéreux, carbonacé, membraneux ou papyracé ; hérissé, pubescent ou glabre.

Le Périthèce est *astome* et s'ouvre par fentes ou valves ou bien il est *ostiolé*. L'ostiole a la forme d'une papille, d'un mamelon ou d'un bec, et il est traversé par un canal destiné à livrer passage aux spores. Il serait difficile d'imaginer la prodigieuse multiplicité de formes que revêtent soit le périthèce, soit les spores, dans la série décroissante des genres et des espèces de cet ordre, depuis le Cordyceps jusqu'au Stigmatea.

Les Métamorphoses de l'espèce elle-même sont encore plus étonnantes : différents degrés ou diverses phases de développement ont été pris non-seulement pour des espèces différentes, mais même pour des genres éloignés l'un de l'autre, selon que l'on trouvait la forme propre aux conidies, ou celles des stylospores, des spermaties et des spores.

Si depuis, leur arrangement est devenu plus simple et plus rationel, leur histoire particulière n'en est que plus difficile aujourd'hui ; car il s'agit de réunir les membres d'une même espèce, épars dans la longue série des genres rejetés : les Torula, Cladosporium, Cytispora, Némaspora, etc., etc. Aussi cette histoire, malgré les recherches si fructueuses des Léveillé, des Tulasne, des De Bary, etc., n'est complète que pour un petit nombre et demande encore beaucoup d'éclaircissements à l'observation future.

Les Nucléés sont aux Cupulés ce que les Verrucariés sont aux Lécidinés parmi les Lichens. Tributaires des êtres organisés, ils puisent dans leur substratum le carbone et l'azote ; fossoyeurs par excellence des grands végétaux, ils en dissocient les cellules en y puisant les éléments nécessaires à leur propre substance. Dès qu'une tige d'herbe ou une branche d'arbre se dessèche, elle devient à l'instant la proie de ces êtres éphémères et innombrables, les Mucédinées, formées de faisceaux de filaments ou de flocons et portant des conidies. Ces conidies, par une série de transformations des plus incroyables, précèdent l'état parfait des Nucléés, de quelques mois ou de toute une année.

Loin de sauter aux yeux comme les végétaux d'un ordre plus élevé, ceux-ci se dérobent la plupart du temps à nos regards, autant par leur exiguité que par leur habitat caché. Les feuilles, les tiges, les fruits, les écorces, le bois, le fumier, sont les principales substances où ces êtres merveilleux aiment à croître. Quelques-uns se développent sur des champignons et même sur des animaux. Au faîte de cet ordre, parallèlement aux agarics et aux morilles, se trouvent les genres les plus parfaits, ceux qui, selon notre vénérable maître Fries, en formeraient l'aristocratie. Les plus magnifiques d'entre eux, les Cordyceps, vivent aux dépens des chenilles ou de leurs chrysalides et les jolis Nectria recherchent les champignons eux-mêmes. Les Sphaeria

plus humbles mais peut-être plus utiles dans l'harmonieuse
économie de la nature, forment, ces points, taches, aspéri-
rités ou verrues si fréquentes sur les végétaux malades ou
morts qu'ils convertissent peu à peu en humus. Ce sont eux
qui nidulant dans les écorces, nous montrent, lorsqu'on en
soulève l'épiderme, de jolis diques ou globules, rouges,
bruns ou noirs avec un point central blanc, jaune ou rouge,
etc., et simulant un petit œil (ocellé). Ils forment la plus
vaste famille de la botanique, car ils occupent la surface de
tous les grands végétaux du globe; ils les atteignent jus-
que dans les herbiers si bien gardés cependant par les pré-
cautions du botaniste. Fries estime qu'il en existe près de
100,000 espèces.

Cette immense collection d'êtres si variés ne formait encore pour les botanistes du commencement de ce siècle,
que le seul genre Sphaeria. Fries, dès 1811, déclarant
« Sphaeriam non sistere genus sed familiam, » institua
cet ordre important et en fonda les différents genres d'a-
près les principes de cette méthode naturelle qui ne mé-
prise aucun des caractères qui tombent sous nos sens,
tout en accordant une extrême attention à l'analyse dont
les procédés ont acquis tant de puissance par l'usage de
plus en plus répandu du microscope.

Dans cette énumération, je ne décrirai que l'état parfait
ou ascophore des Nucléés, c'est-à-dire le Périthèce muni de
ses spores mûres ; je ne parlerai que fort rarement des conidies, des spermaties ou des stylospores. Ces divers organes
de végétation et de fécondation étant encore inconnus chez
la plupart des espèces, il en résulterait, si l'on voulait tenter
prématurément leur histoire complète, des erreurs et de la
confusion.

Je n'ai pas décrit non plus les innombrables sphéries que
l'on a peut-être trop multipliées de nos jours, malgré le
concours de sagaces et habiles observateurs. Le substra-

tum sur lequel vivent ces petits parasites, les modifiant le
plus souvent dans la couleur, la forme et la texture, on
pourrait créer autant d'espèces qu'il y a de plantes différentes qui leur servent de pâture.

J'ai surtout cherché à reconnaître les espèces bien ca-
ractérisées et qui ont été fidèlement décrites par d'illus-
tres devanciers, tels que Hoffmann, Schrader, Tode, Per-
soon, Albertini et Schweinitz, Ditmar, Linck, Ehrenberg,
Kunze et Schmidt, Gréville, Corda, Montagne, etc. J'espère
enfin présenter au moins le tableau des principales et du
plus grand nombre de celles qui peuvent se rencontrer
dans notre région jurasso-vosgienne.

ORDRE IV. NUCLÉÉS. Q.

Réceptacles ou Périthèces membraneux ou coriaces, cornés ou carbonacés, discoïdes ou sphériques (clos puis ouverts) simples ou glomérulés et nus ou réunis sur un stroma.

I. F. PHACIDIÉES.

Périthèce régulier, discoïde, orbiculaire, allongé ou rameux, membraneux, clos puis ouvert supérieurement par des valves ou par des fentes simples ou étoilées et plus ou moins régulières. Nucléus céracé, noircissant. Spore elliptique, simple ou composée. Thèque pyriforme plus ou moins allongée et pédicellée. Famille de transition entre les Patellariées et les Sphaeriacées.

I. PHACIDIUM. Fr.

Périthèce orbiculaire, sub-hémisphérique, aplani, s'ouvrant par le centre en valves étoilées puis recourbées en dehors. Nucléus céracé, disciforme et libre. Spore elliptique, simple. Spermatie cylindrique, obtuse.

1. PATELLARIA. Fr. P (*) orbiculaire aplani (2 mm.), s'ouvrant par des lanières inégales, obtuses et caduques. N ferme, noir-bleuâtre et pruineux. S elliptique.

Sort du bois décortiqué du pin.

2. ALNEUM. Fr. P arrondi-anguleux, aplani (2 mm.), marginé, lisse, noir. Disque jaune rouillé, blanc en dedans, s'ouvrant en lobes fendillés (soutenus par l'épiderme entrouvert). N ondulé, ocracé.

Parsemé et parallèle sur les branches de l'aune.

(*) P, N, S, remplacent les mots Périthèce, Nucléus et Spore.

3. Rugosum. Fr. P arrondi, hémisphérique ou plat, ruguleux, noir, s'ouvrant en lanières inégales et obtuses.
N blanchâtre. S linéaire.

Sous l'épiderme des ronces. (Mougeot.)

4. Multivalve. Fr. Tache noire, convexe, luisante ; bords
3-5 laciniés et relevés à la maturité. N noir, pruiné-blanc.
S ovale (en forme de saucisson Cooke).

Parsemé sous l'épiderme des feuilles mortes du houx.

5. Vaccinii. Fr. P convexe, brillant, rugueux, se divi-
sant en quatre lambeaux ; N bistre-noir. S lancéolée (0,04).

Sort des feuilles d'airelle rouge.

6. Andromedae. Fr. P ponctiforme, sphérique puis déprimé, submarginé, disque s'ouvrant en 3-4 lanières, paille
puis brun noircissant.

Feuilles d'Andromède.

7. Pini. A. S. P arrondi-difforme, (2-3 mm.), déprimé,
noir, s'ouvrant par lambeaux obtus. N grisâtre. S fusiforme,
cloisonnée.

Parsemé sous l'épiderme du pin sylvestre.

8. Carbonaceum. Fr. P arrondi, inégal, convexe puis
déprimé, noir, s'ouvrant en lanières obtuses. N noir. S (0,015)
linéaire, cloisonnée.

Sous l'épiderme des saules.

9. Leptideum. Fr. (Quadratum Schm.), convexe-plan,
orbiculaire ou carré, anguleux, noir, s'ouvrant par des
lambeaux triangulaires, aigus, très-minces. Disque paille.
S filiforme (0,065) incurvée, simple.

Rameaux de myrtille.

10. Abietinum. Schm. P arrondi, convexe puis déprimé

(2 mm.) noir, ouvert en 3 ou 4 lanières obtuses. N cendré. S elliptique, petite.

Sortant des aiguilles de sapin.

11. CORONATUM. Fr. P orbiculaire-hémisphérique, déprimé, noirâtre, ouvert en lanières aigues. N ocracé. S fusiforme, incurvée, guttulée (0,04).

Feuilles mortes (chêne, hêtre, tremble).

12. TRIGONUM. Schm. P oblong triangulaire, bistre, déhiscent en trois lanières angulaires, blanches. Disque chamois. S ovale.

Feuilles de chêne.

13. DENTATUM. Schm. P carré, nidulant sur une tache pâle, noir, ouvert en 4 ou 5 lanières aigues. N jaune obscur. S filiforme.

Feuilles mortes de chêne et de châtaignier.

14. REPANDUM. Fr. P arrondi, verdâtre passant au noir, ouvert en lanières inégales et obtuses. N brun fuligineux. S elliptique fusiforme (0,015), obscurément cloisonnée.

Aspect de pezize. Asperule odorante, Sherardie, Galiets.

STEGIA. Fr.

Périthèce orbiculaire, déhiscent circulairement par un opercule horizontal.

ILICIS. Fr. P s'ouvrant par un couvercle bordé d'une marge circulaire blanche. N hyalin. S elliptique, simple (0,01).

Inné sur les feuilles du houx.

RHYTISMA. Fr.

Perithèce étalé, convexe, déhiscent par fentes flexueuses ou aréolées. Nucleus en coussinet, persistant. Spore ovale, simple. Spermatie linéaire.

1. MAXIMUM. Fr. P très-large, uni, lobulé, s'ouvrant par fragments. N blanc. S ovale (0,02).

Branches de saule, adné à l'épiderme.

2. ANDROMEDAE. Fr. P oblong, côtelé-rugueux, brillant. N cendré brun.

Sur les feuilles de l'an-polifolia.

3. SALICINUM. Fr. P épais, bosselé, noir, brillant, s'ouvrant en écailles. N paille, blanc au centre. S lancéolée (0,01).

Sur les feuilles du saule.

4. ACERINUM. Fr. P aplati, mince, sillonné-réticulé, noir, s'ouvrant par fissures flexueuses et labiées. N blanc. S lancéolée, flexueuse (0,02).

Feuilles du genre érable.

V. *Punctatum,* masse confluente disposée en points groupés.

5. URTICAE. Fr. Croûte allongée, ambiante, granulée, lisse, noire, s'ouvrant par une fine fente flexueuse. S filiforme.

Sur les tiges d'ortie. (Mougeot.)

6. EMPETRI. Fr. P cupuliforme, carbonacé, se fendillant irrégulièrement. N blanchâtre. S simple (0,05) en bissac.

Sur les feuilles d'Empetrum Nigrum. Jura. (Merthier.)

7. NERVALE. A. S. Linéaire, hémi-cylindrique, assez épais, ruguleux, dur, noir.

Sur les nervures des feuilles, bouleau, aune, etc.

ACTIDIUM. Fr.

Périthèce libre, carbonacé, fragile, s'ouvrant en étoile. Spore cylindrique, droite.

Hysterioïdes. Fr. P ponctiforme, uni, noir, arrondi puis a 4-6 angles.

Sur le bois de sapin.

TRIBLIDIUM. Reb.

Périthèce substipité, déhiscent en lanières étoilées. Spore ovale-elliptique, fenêtrée.

Caliciforme. Reb. P globuleux-déprimé, granulé-rugueux noir ; lanières obtuses. S elliptique (0,05).

Solitaire sur les branches de tilleul et de chêne.

HYSTERIUM. Tode.

Périthèce allongé ou elliptique, s'ouvrant par une fente labiée étroite. Nucléus céracé puis gélatineux. Spore cloison-née, elliptique.

1. Pulicare. P. P elliptique ou oblong, strié en long, noir ; lèvres obtuses. N linéaire. S oblongue (0,02) trisep-tée, brune.

Sur l'écorce des troncs d'arbre.

2. Angustatum. A. S. P linéaire, glabre, noir. N très-étroit. S oblongue triseptée, brune.

Ecorce, rameaux et bois.

3. Elongatum. Wahlnb. P oblong, étroit, glabre, noir ; lèvres épaisses. N linéaire. S ovale, oblongue, 8-9 septée, (0,04) brune.

Sur l'églantier et autre bois dénudé.

4. Curvatum. Fr. P saillant, linéaire incurvé ou flexueux, noir brillant ; lèvres assez épaisses striées en long. N blan-châtre. S elliptique, hyaline polynucléée puis fenêtrée (0,042).

Sur églantier, ronce et prunellier.

5. Graphicum. Fr. P flexueux (3-5 mm.) contourné noir mat ; lèvres ne formant qu'une raie très-fine.

Serré sur l'écorce du pin sylvestre.

6. Varium. Fr. P elliptique, saillant, lisse, à peine caréné. N fauve puis noir. S ovale lancéolée, ocellée (0,02) fauve.

Inné sur le chêne écorcé.

7. Lineare. Fr. P étroit, linéaire, noir ; lèvres épaisses, unies. N linéaire. S hyaline, ovoïde ou un peu étranglée au milieu.

Parallèlement incrusté dans le bois. (Mougeot.)

8. Conigenum. Fr. P ponctiforme, brillant, s'ouvrant par une fissure très-fine. S cylindrique, obtuse.

Cônes de pin sylvestre.

9. Sambuci. Schum. P ovale-arrondi, saillant, noir ; lèvres très-épaisses, ruguleuses. S ovale elliptique, biloculaire, verdâtre.

Tachetant les branches mortes du sureau noir.

10. Fraxini. P. P dur, elliptique, noir ; lèvres épaisses et lisses. N linéaire. S elliptique cellulaire, jaune.

Sur les branches de frêne, miniature d'un grain de café.

11. Elatinum. Ach. Crispum. P. P allongé, un peu ventru, brun purpurin ; lèvres minces, froncées ; variable.

V. Corrugatum, roux, peu saillant.

Sort de l'écorce du sapin.

12. Degenerans. Fr. P arrondi ou oblong, variable; lèvres espacées, faiblement crênelées, caduques. Disque dilaté, mou, livide, noircissant.

Sur la myrtille des marais. (Mougeot.)

13. Rubi P. P allongé, atténué aux extrémités, caréné, lisse, noir brillant, fragile. N grisâtre. S. elliptique incurvée.

Sur la ronce des chats.

14. Nervisequium. Fr. P oblongs ponctiformes, confluents en strie longitudinale, noirs. N jaunâtre. S linéaire 2-4 septée.

Aiguilles d'épicéa.

15. Commune. Fr. P oblong, obtus noir ; lèvres ruguleuses, fragiles. N bistre. S linéaire obtuse.

Sur les tiges herbacées sèches.

16. Melaleucum. Fr. P elliptique, lisse, noir ; lèvres sub-connivéntes blanches. S. filiforme paille.

Sous l'épiderme des feuilles de l'airelle rouge. (Mougeot.)

17. Pinastri. Schrad. P ovale oblong, strié en long, noirâtre, s'ouvrant par un ostiole elliptique. N livide. S filiforme allongée.

Sur les feuilles du pin sylvestre. (Mougeot.)

18. Maculare. Fr. P ovale, uni, pruineux, noir entouré d'une tache pâle ; lèvres rougeâtres. S filiforme.

Sur les feuilles de myrtille.

19. Foliicolum. Fr. P naviculaire à carène aigue, lisse, brillant, noir ; lèvres larges très-minces. S elliptique, étroite, hyaline.

V. *Berberidis.* Schleich. Surface grenue. V. *Hederae.* Mart. noir brillant.

Feuilles d'aubépine, etc.

20. Herbarum. Fr. P oblong, plan, marginé, lisse et noir. N cendré-fuligineux. S elliptique très-fine.

Epars sur les tiges de plantes sèches.

21. ARUNDINACEUM. Schrad. P ovale déprimé, ruguleux brun-noir, s'ouvrant tardivement. S. filiforme, hyaline.

Sur les tiges des graminées.

22. VERSICOLOR. Wahlb. P petit, ovale, saillant dans une tache jaunâtre, lisse, noir, couvert d'une pruine glauque. Disque et lèvres rougeâtres puis bruns.

Sur les feuilles de saule des tourbières.

23. SCIRPINUM. Fr. P renflé et anguleux au sommet ; lèvres s'écartant beaucoup et irrégulièrement.

Scirpe des marais. (Mougeot.)

24. JUNIPERINUM. Fr. P ponctiforme, elliptique, obtus, noir brillant ; lèvres exactement conniventes, s'ouvrant tardivement par une fine fissure. S filiforme droite ou courbe.

Sur les aiguilles du genévrier.

25. CLADOPHILA. Lev. P corné oblong, elliptique, brun puis noir ; lèvres minces. N linéaire. S filiforme, hyaline.

Sur les tiges de myrtille.

DICHAENA Fr.

Périthèce corné ellipsoïde, clos, déhiscent par une fissure longitudinale. Nucléus diffluent. S lancéolée, fusiforme, hyaline.

STROBILINA. Fr. P arrondi, tendre, bistre puis noir. S fusiforme (0,012) arquée, triseptée. Stylospore en amande.

Cônes d'épicéa.

TYMPANIS. Tod.

Stroma corné, vertical, tenace, nu, dilaté au sommet en périthèce globuleux puis discoïde ou cupulé et pruineux. Nucléus gélatineux, hyalin. Spore elliptique. — Lignicoles.

1. CONSPERSA. Fr. Cespiteux; sphériforme, noir, puis cyathiforme, et couvert d'un voile pulvérulent grisâtre ou bleuâtre. S (0,015) elliptique. Spermatie très-ténue, baculiforme.

Epars sur le pommier sauvage, le sorbier, etc.

2. ALNEA. Fr. Substipité, globuleux puis cupulé avec la marge flexueuse, brun noir. S (0,012) elliptique, hyaline.

Sur l'aune. Ressemble à une sphérie cespiteuse.

3. FRANGULAE. Fr. Sessile, turbiné-tronqué, orbiculaire, concave, bistre, olive; marge peu évidente. S elliptique (0,025), triseptée, brune.

Groupé sur le nerprun.

4. FRAXINI. Schw. Subsessile, turbiné-tronqué, brillant, noir. Disque plan, bordé d'une marge rugueuse, ponctué, noir.

En fascicules sur les branches du frêne.

5. INCONSTANS. Fr. Sessile, arrondi puis cupulé, plan, marginé et noir. S (0,012) lancéolée, olivâtre.

Serré sur l'alisier, le cotoneaster.

6. SALIGNA. Tod. Sessile, elliptique, digité, voilé d'une pruine blanche puis noir brillant. Disque concave, marginé. S (0,006) cylindrique, courbe.

Groupé sur les branches de saule.

7. LIGUSTRI. Tul. Sessile, elliptique, noir, luisant. Disque concave, marginé. S elliptique, olivâtre.

Sur le troëne.

LOPHIUM. Fr.

Périthèce carbonacé-fragile, comprimé verticalement; carène aiguë, fermée. Nucléus gélatineux. Spore très-grêle, cloisonnée.

1. Mytilinum. P. P subpédicellé, dilaté en éventail, strié en long, noir brillant. N blanc puis bistre. S filiforme.

Sur le pin sylvestre et le sapin.

2. Mytilinellum. Fr. Subsessile, obtus, fragile, lisse, noir ; miniature du précédent.

Aiguilles du pin sylvestre.

3. Aggregatum. Fr. P conchoïdes, cespiteux, souvent accolés par la base et déformés, noirs, sillonnés. S. fusiforme, 3-5 cloisons (0,03), brune.

Sur les souches de pin.

OSTROPA. Fr.

Périthèce corné-subéreux, globuleux, s'ouvrant par une fente à deux lèvres épaisses. Nucléus gélatineux. Spore linéaire.

Cinerea. P. P émergé, globuleux (1 mm.) ferme, gris, pruineux puis bistre. Lèvres épaisses, arrondies, à peine entr'ouvertes. S cylindrique (0,04), pluriloculée, hyaline.

Branches décortiquées, chèvrefeuille, saule, etc.

II. F. SPHAERIACÉES. Fr.

Périthèce globuleux, ovoïde ou pyriforme, libre ou bien plongé dans le substratum ou dans le stroma, membraneux, corné ou carbonacé, s'ouvrant par un ostiole papillé ou tubulé. Nucléus semi-fluide, gélatineux. Spore très-variable.

I. STROMATÉS.

Périthèces réunis dans un réceptacle (stroma) capituliforme, cyathiforme, dendroïde ou pulvinulé.

A. Stroma stipité (*claviforme, dendroïde, capitulé, cyathiforme*).

CORDYCEPS. Fr.

Capitule ou massue, stipité, charnu puis subcorné ; péri-thèce et nucléus de couleur claire. Spore linéaire, cloisonnée. Conidie ovale portée par la mucédinée appelée Isaria. — Vit sur insectes, champignons, graines et aiguilles de coni-fères.

1. Militaris. L. Massue simple ou ramifiée (3-5 c.) d'un rouge orange éclatant ; P formant une surface granu-lée de points écarlate. Stipe court, jaune orangé. S longue. Conidie subglobuleuse.

Sur les chrysalides enfouies dans l'humus des forêts, t. r.

2. Entomorhiza. Dicks. Capitule ovoïde ou sphérique (5 mm.) ocracé fauve, granulé par les ostioles plus foncés et porté sur un stipe grêle, ocracé-paille, blanc au som-met. Mycélium sulfurin. S cylindrique, droite.

Sur les chenilles et chrysalides enfouies sous le gazon, dans les vergers. r.

3. Capitata. Holmsk. Capitule ovoïde-globuleux (5-10 mm.) fauve, ocracé, pointillé de brun ; stipe flexueux, citrin. S hyaline (0,006).

Sur Elaphomyces Aculeatus et Hirtus.

4. Ophioglossoïdes. Ehrh. Massue (2-3 c.) brun-bistre, jaune à l'intérieur ; stipe radicant, olive noircissant. S (0,004).

Sur Elaphomyces Granulatus et Muricatus. (Mougeot.)

5. Purpurea. Fr. Capitule (2-4 mm.) globuleux, gra-nulé, purpurin violacé ou noirci, blanc ou lilacin en dedans Stipe grêle flexueux. S filiforme, aiguë aux extrémités (0,05) Conidie elliptique moniliforme (oïdium abortifaciens Berk).

Sur l'ergot du seigle qui est son mycélium. Rare.

6. Setulosa. Q. Capitule (1 mm.) globuleux, chamois, pointillé de papilles fines et brunes ; stipe flexueux, grêle (1 c.), paille, hérissé à la base de longs poils soyeux et blancs. S filiforme (0,005) droite.

Sur l'ergot des paturins, dans la mousse des prés montueux du Jura. t. r.

7. Alutacea. P. Massue (5 c.) atténuée en stipe, charnue, molle, blanchâtre-villeuse puis lisse, chamois et tuberculeuse. S cylindrique (0,01) à deux loges, la supérieure globuleuse, l'inférieure oblongue.

Parmi les aiguilles du pin sylvestre (*).

XYLARIA Fr.

Massue simple ou divisée, charnue puis subéreuse ou coriace. Périthèce corné et nucléus noir. Spore obscure, simple, naviculaire. Conidie grande, ovale, formant une couche pruineuse. — Epiphyte.

1. Polymorpha. P. Massue épaisse, difforme, souvent bifurquée, brun bistre, blanc en dedans. P à orifice conique. Conidie sous forme de farine grise recouvrant le jeune champignon.

Cespiteux sur les souches, hêtre, chêne.

2. Corniformis. Fr. Subéreux, fragile, simple, cylindrique, recourbé, noir, entièrement fertile ; base un peu tuberculeuse et veloutée. S en amande, brun noir.

Souches de frêne, très-voisin du précédent.

3. Digitata. L. Massues connées, brun noir, à sommet stérile et pointu ; stipe glabre. S. courbe, brun noir (0,016). Conidie ovale, sous forme de farine blanche.

Cespiteux sur les souches et le bois de chêne. r.

(*) Par sa texture et sa fructification, cette espèce appartiendrait plutôt au genre Hypocrea.

4. Hypoxylon. L. Stroma en corne de daim ; rameaux
stériles, foliacés blancs. Stipe noir velouté-hérissé. S ovale
acuminée (0,01) brun-noir avec deux noyaux. Conidie en
farine très-blanche.

Sur les souches et le vieux bois. c.

5. Bulbosa. Berk et Br. Massue linéaire simple ou four-
chue (2-3 c.) gris cendré puis noire. Stipe terminé par un
bulbe brun.

Aiguilles de sapin.

6. Carpophila. P. Massue subéreuse, grêle, tuberculeuse ; stipe très-long, flexueux, hérissé, noir. S brune à
un ou deux noyaux, elliptique (0,01). Conidie ovale, petite,
blanche.

Abonde sur les cupules du hêtre.

7. Filiformis. A. S. Stroma simple, subfiliforme (1 à 2 c.)
lisse, noir avec la pointe incarnat fauve.

Sur les stipules et les feuilles (noyer, troêne).

RHIZOMORPHA. Roth.

*Stroma filiforme, simple ou divisé, cortiqué, floconneux
en dedans. Périthèce presque libre.*

Hippotrichoïdes. Sow. (Hypox. Loculiferum. Bull.)
A peine ramifié, semblable à une touffe de cheveux rares
et noirs. P libre, sessile ou subtilement stipité, globuleux
ou ovoïde, (tomenteux à la loupe). Ostiole papilliforme,
obtus. S ovale, pyriforme (0,01) irrégulière, brun foncé.

Dans le vieux chanvre (sacs, cordes).

Fragilis. Roth. Rameux, comprimé, noir brillant, ser-
pentant dans les souches pourries, surtout sous l'écorce.
Fructification inconnue.

Souches ; semble n'être qu'un mycélium sclérotiforme.

PORONIA. Fr.

Stroma subéreux, cupuliforme, stipité ; périthèces formant des grains parsemés sur un disque cupuliforme. Spore ovale.

PUNCTATA. L. Cupule plane, d'un blanc d'argent, ornée de points coniques noirs. Stipe (1-2 c.) velu brun noircissant. S ponctuée olive puis brun pourpre.

Sur les crottins de cheval dans les pâturages.

B. STROMA SESSILE *(en coussinet, étalé ou discoïde).*

EPICHLOE. Fr.

Stroma mycélioïde, formant un tube coloré autour des graminées. Périthèce charnu. Spore linéaire.

TYPHINA. P. Tube allongé, blanc grisâtre puis orangé clair, granulé par les ostioles fauvâtres. S cylindrique, droite (0,04).

Sur les graminées vivantes, dans les clairières.

HYPOCREA. Fr.

Stroma en coussinet, plus ou moins régulier. Périthèce charnu, de couleur claire, globuleux ou ovoïde. Spore elliptique, cloisonnée au milieu. Conidie sphérique (Trichoderma).

1. GELATINOSA. Tod. Convexe, charnu, blanc en dedans, jaune vert ou olive. P plus foncé. S globuleuse (0,005) hyaline.

Sur les troncs de sapin.

2. RUFA. P. Convexe, irrégulier, roux, blanc en dedans, ridé par le sec ; ostiole ponctiforme. S cubique puis sphérique (0,004). Conidie sphérique, verdâtre. (Trichoderma Viride. P.)

Sur le chêne.

3. Pulvinata. Fuck. Coussinet granulé (2-3 mm.) jaune verdoyant, pulvérulent-villeux. P sphérique. S (0,004) elliptique à cloison médiane.

Sur le Polypore sulfurin.

4. Citrina. Fr. Charnu, étalé (5-10 c.) citrin, à marge bissoïde ; ostiole saillant fauve. S irrégulière (0,005).

Sur le bois pourri, les feuilles, la mousse.

HYPOXYLON. Bull.

Stroma coriace ou fragile, convexe ou étalé. Périthèce ovoïde immergé. Spore ovale ou lancéolée, courbe, simple, obscure. Conidie elliptique formant une couche farineuse sur le jeune champignon.

* *Glebosae. — Croûte bosselée-verruqueuse.*

1. Ustulatum. Bull. Etalé (5-8 c.) charnu puis carbonacé, très-fragile, ondulé-bulleux, blanc gris, farineux puis brun noir luisant. P fragile muni d'un ostiole pointu. S brun noir, naviculaire, incurvée (0,04). Conidie elliptique.

Sur les souches (la chair a le goût de mousseron).

2. Tubulina. A. S. Ovale-oblong (5 à 12 c.) à demi-immergé, sillonné, bosselé, rouillé puis noir, bistre en dedans. P formant avec l'ostiole une fiole à col allongé 5-8 mm.) subprismatique et brune.

Souches de sapin.

3. Succenturiatum. Tode. Oblong, mottelé (1 c.) fragile, bai noir ; gris brun en dedans. P ovoïde-sphérique, gros, très-adhérents ; ostiole granulé. S elliptique (0,025) brune.

Sur le chêne pourri.

* * *Pulvinatae. — En forme de coussinet.*

4. Concentricum. Bolt. Subglobuleux (5 c.) brun purpu-

rin, rouillé ou châtain, pruineux puis noir luisant ; intérieur blanc, zoné de lignes concentriques, cendré noir.
P oblong. S elliptique ou irrégulière, brun noir.

Souches de cerisier, noisetier, saule, aune, frêne. Rare.

5. COCCINEUM. Bull. Globuleux (3-5 mm.) vermillon
rouillé, noir brillant en dedans. (Couche extérieure caduque.) P ovoïde ; ostiole à peine saillant. S elliptique souvent
arquée (0,015).

V. *Fragiforme*. P. Globuleux, papilleux, incarnat-rouge.

Branches de hêtre.

6. GRANULOSUM. Bull. P irrégulier, très-adhérent, rugueux, roux-brun puis noir, cendré noirâtre à l'intérieur.
P subglobuleux-papillé. S jaune fauve, elliptique incurvée
(0,01).

V. *Rubiforme*. P. Bai-noir, fortement granulé, muriqué,
globuleux.

Sur le tilleul, le frêne, le bouleau.

7. COHAERENS. P. Convexe plan, confluent, brun bistré
puis noirâtre, noir en dedans. P globuleux ; ostiole papillé.
S elliptique, incurvée (0,01), verdâtre, bistre.

Branches mortes, charme.

8. ARGILLACEUM. P. Subglobuleux, céracé, fragile,
ocracé-argileux, brun noir en dedans. P peu saillant, irrégulièrement elliptique, quelquefois libre.

Branches de frêne, de coudrier.

9. V. *Palumbinum*. Globuleux ou hémisphérique
(2-5 mm.) souvent confluent, gorge de pigeon, pruineux
puis grenu et gris chamois. Intérieur incarnat puis gris,
tendre puis friable. P globuleux, petit périphérique, noir.
Ostiole ponctiforme *blanc*. S amygdaloïde (0,012) ocellée,
olive.

Groupé sur les branches mortes, frêne.

10. Fuscum. P. Convexe, hémisphérique, brun-rouge ou châtain, pruineux puis nu et noir ; noir en dedans. P sphérique ; ostiole ombiliqué. S. (0,012) en amande, brune.

Aubépine, noisetier, aune, hêtre, charme.

*** *Effusæ.* — *Formant une croûte mince.*

11. Rubiginosum. P. Large tache (5-10 c.) mince, pulvérulente, rouillé-fauve, brillant. P petit, ombiliqué, peu saillant. S elliptique (0,01) brun foncé.

Troncs décortiqués, charme, hêtre.

12. Atropurpureum. Fr. Etalé, mince, uni, brun-noir purpurin. P connés ; ostiole aplani, papillé. S elliptique (0,012) irrégulière, brun noir.

Sur le bois mort.

13. Serpens. P. Etalé, mince (5, 10 c.) uni, pruineux-cendré puis noir. P subglobuleux ; ostiole papillé peu saillant. S elliptique (0,012), irrégulière, brun noir.

Sur le bois mort, saule, tremble.

14. Udum. P. Tache allongée (5-10 mm.) émergente, noire. P ovoïde ; ostiole obtus. S en amande (0,02) vert-olive puis brune.

Branches dénudées, chêne.

**** *Nummulariae.* — *Disque uni, émergent.*

15. Repandum. Fr. Stroma orbiculaire (5 mm.) cupulé et clos puis évasé, ridé en dehors, blanc en dedans, dur, grisâtre, brun, puis brun. P serrés, ellipsoïdes noirs ; ostioles papillés puis ombiliqués. S (0,015-0,02) elliptique, biocellée, brune.

Branches sèches d'alisier.

16. Nummularium. Bull. Orbiculaire ou elliptique (1-2 c.) séparable, brun noir même en dedans. P sphérique ou ellipti-

que, brun puis noir ; ostiole finement papillé. S elliptique
(0,012) brun olive.

Sur le bois et l'écorce, hêtre, charme.

DIATRYPE Fr.

Stroma verruqueux se fondant avec le substratum. Péri-
thèce immergé, ovoïde, muni d'un ostiole papillé, tubuleux
ou rostré. Spore simple ou cloisonnée. Spermatie cylindrique,
incurvée, formant les Nemaspora.

* *Nummula.* — *Stroma étalé, mince, uni ou grené. Pé-*
rithèces immergés. Spore arquée cylindrique.

1. DISCIFORMIS. Hoffm. Disque orbiculaire (2-3 mm.)
brun-noir, blanc en dedans. P atténué en bec conique.
S simple (0,005) cylindrique incurvée, obtuse.

Branches de hêtre et de charme.

2. BULLATA. Ehrh. Convexe plan (5-8 mm.) orbiculaire
ou ovale, brun puis noir, blanc en dedans. P sphérique ;
ostiole papillé. S (0,005) miniature microscopique de saucisson.

Branches de saule.

3. UNDULATA. P. Etalé, lacuneux, ondulé, noir, blanc
en dedans. Ostiole arrondi peu saillant. S (0,015) lancéolée
à trois cloisons.

Branches sèches, coudrier, néflier.

4. STIGMA. Hoffm. Etalé, entourant le bois, souvent
fissuré, uni, brun puis noir. Ostiole sub-immergé. Spore
(0,01) fauvâtre, cylindrique incurvée. Spermatie, linéaire
arquée, formant le Nemaspora Crocea. P.

Branches d'aubépine, érable, hêtre.

** *Macula.* — *Stroma fondu avec le substratum et souvent peu manifeste. Périthèces émergents. Spore arquée cylindrique:*

5. Scabrosa. Bull. Croûte large, tuberculeuse puis crevassée, noirâtre, blanche en dedans. P immergé, sphérique; ostiole conique tuberculeux.

V. *Podoïdes.* P. verrues inégales (2-3 mm.) rigides, noires, hérissé d'ostioles épineux.

Sur l'érable, le chêne,

6. Flavovirens. Hoffm. Inégal, rugueux, pulvérulent, noir, jaune verdoyant en dedans. P sphérique; ostiole ponctiforme.

V. *Multiceps.* Sow. Etalé, subinné dans le bois gonflé. Ostiole ponctiforme.

Bois et branches.

7. Leioplaca. Fr. Etalé, uni, noir de toute part. P clos à peine ostiolé puis ombiliqué.

Sur les branches et le bois.

8. Lata. P. Croûte mince, plane, souvent interrompue, finement papilleuse, noire. P petit, globuleux-lentiforme, immergé dans le substratum. S baculiforme (0,006.)

Bois, branches.

9. Spinosa. P. Etalé, scabre, villeux, noir. P ovoïde, conné; ostiole rostré, pyramidal, sillonné. S courbe (0,006).

Sur les bois durs. Il a l'ostiole des Ceratostoma.

10. Decipiens. D. C. Etalé, ovale oblong, immergé, gris noir. P ovoïde terminé par un long bec rugueux surmonté d'un ostiole strié-radié.

Sur le cornouiller.

11. Milliaria. Fr. Large plaque, gonflant le bois, cen-

drée. P globuleux, serrés, noirs ; ostioles régulièrement
épars, lisses puis rugueux et ombiliqués.

Bois dénudés, hêtre, pin, etc.

12. EUNOMIA. Fr. P assez gros, sphériques, noirs ; épars
dans un pseudostroma sous-épidermique, ténu, étalé, pulvérulent, ocracé pâle ; et lui-même enclos entre deux taches
carbonacées et noires. Ostioles émergents ponctiformes,
scabres et brillants. S (0,015) cylindrique arquée, ténue et
guttulée aux extrémités.

Branches mortes de frêne. Ressemble à un Halonia.

*** *Glebula.* — *Stroma émergent sous forme de verrue.*
Périthèces émergents.

+ *Spore grande, lancéolée ou elliptique.*

13. LANCIFORMIS. Fr. Lancéolé, convexe, noir, cendré en
dedans. Ostiole peu saillant. S elliptique (0,05) brun fauve.
Conidie citriforme, biocellée, bistre olive.

Sortant de l'écorce du bouleau par des fentes lancéolées.

14. STRUMELLA. Fr. Elliptique aplani, noir. Ostiole cylindrique, uni. S fusiforme (0,015) à trois cloisons.

Branches de groseillier.

15. HYSTRIX. Tode. Ovale (3 mm.) déprimé noir, cendré-
brun en dedans. P comprimé. Ostiole rostré, arqué, épaissi
au sommet. S oblongue-linéaire (0,02) cloisonnée.

Branches de Sycomore.

++ *Spore petite, arquée, cylindrique.*

16. FERRUGINEA. P. Convexe, inégal, noir ; Stroma pulvérulent, fauve rouillé ; ostiole aggrégé, arrondi, subulé.
S fusiforme, incurvée (0,06) guttulée.

Branches de coudrier, chêne, etc.

17. INSITIVA. Tode. Stroma elliptique, furfuracé, paille

brunissant. P très-petits, globuleux, noirâtres. Ostioles arrondis, plus ou moins longs.

Dans les fentes des sarments.

18. Corniculata. Ehr. Disque arrondi, noir ; stroma blanchâtre. P couché ; ostiole tubuleux, lisse, distinct. S (0,008).

Sur les branches mortes, saule, nerprun, etc.

†*†* *Spore cylindrique incurvée, obtuse, simple ; en grand nombre dans une thèque.*

19. Aspera. Fr. Orbiculaire ou anguleux (2-3 mm.) arrondi, scabre, noir, blanc en dedans ; entouré d'une ligne noire. P globuleux, atténué en bec ténu, conico-cylindrique.

Branches de chêne, hêtre (intermédiaire entre Disciformis et Verrucæformis).

20. Favacea. Fr. Orbiculaire ou irrégulier (4-8 mm.) saillant, ocracé puis noir, blanchâtre en dedans ; entouré d'une ligne noire. P oblong, ovoïde très-gros, subdistique. Ostiole peu saillant, arrondi.

Epars ou confluent; bouleau, sycomore (racines).

21. Verrucaeformis. Ehrh. Epais. polygone, rugueux, brun-noir, brun en dedans. P ovoïde ; ostiole ponctiforme.

Charme, coudrier.

22. Angulata. Fr. Pustule (2-4 mm.) *plane*, pulvérulente, noire, blanche en dedans, sortant de l'épiderme ouvert-étoilé. P ovoïdes, gros, couchés (1 à 4) bordés d'une ligne noire. Ostiole ponctiforme, très-fin, puis cupuliforme.

Epars ou confluent, charme, coudrier.

23. Quercina. P. Pustule suborbiculaire noire, granulée par environ 10 ostioles ovoïdes tétragones.

Sur les branches de chêne.

MELOGRAMMA.

Stroma subglobuleux, celluleux, aplani. Périthèces con-
fluents, libres au sommet. Spore linéaire lancéolée ou ovale,
simple ou composée. Spermatie très-ténue, ovale cylindrique.

1. BULLIARDI. T. arrondi, obconique, noirâtre. Ostiole
peu saillant. S fusiforme (0,05) droite ou arquée, 4-loculaire.

Ecorce de cornouiller, coudrier.

2. GYROSUM. Fr. Arrondi confluent, orange vermillon,
jaunâtre en dedans. P peu saillants, en cercle. S linéaire
lancéolée (0,006).

Sur les écorces.

3. QUERCUUM. Schw. Subelliptique ou ovale, plan, noir
mat. P subglobuleux, connés. Nucléus blanc. Ostiole papillé. S lancéolée (0,03) ponctuée.

Rameaux de chêne.

DOTHIDEA. Fr.

Périthèces serrés, formant des cellules non distinctes du
Stroma. Nucléus sphérique persistant. Ostiole papillé ou
rostré. Spore simple ou composée. Spermatie linéaire incur-
vée. Conidie $=$ Septoria.

* *Foliicoles. — Sur les feuilles avant leur chute et sur*
les plantes herbacées.

1. RUBRA. P. Orbiculaire, vermillon puis fauve, rouge;
ostiole immergé puis ponctiforme. S elliptique (0,01) simple.

Sous les feuilles de prunellier.

2. FULVA. D. C. Elliptique, irrégulier, fauve bistre.
P. fauve; ostiole immergé. S elliptique (0,012) simple.

Sous les feuilles du cerisier à grappes.

3. Ulmi Fr. Convexe, orbiculaire, confluent, gris noirâtre, noir en dedans. P blanc ; ostiole granuliforme. S elliptique simple.

Sur les feuilles d'orme.

4. Betulina. Fr. Anguleux-difforme, tuberculeux, noir brillant, noir en dedans. P blanc. S elliptique, cloisonnée, jaunâtre.

Sur les feuilles du bouleau.

5. Heraclei. Fr. Anguleux, amphigène, tuberculeux, rugueux, noir, noirâtre en dedans. P très-petits, serrés, globuleux, blancs.

Sur les feuilles de la Berce.

6. Podagrariae. P. Tache irrégulière, noire, papillée.

Sous les feuilles de la Podagraire.

7. Junci. Fr. Sortant de crevasses, allongé, tuberculeux, noir de toute part. S linéaire acuminée (0,03) à trois cloisons.

Sur les joncs.

8. Graminis. P. Inégal, ruguleux, peu saillant, noir ; ostioles immergés. S ovale elliptique, ocellée.

Sur les feuilles de graminées.

9. Latitans. Fr. Stroma immergé, peu manifeste, brun-noir. P serrés, nombreux, arrondis, blanchâtres.

Feuilles mortes de la myrtille rouge.

10. Genistalis. P. Tuberculeux-difforme noir, blanc en dedans. P périphériques blancs.

Sur le genêt ailé.

11. Pteridis. Fr. Linéaire, cendré puis noir luisant, noir

en dedans. P. ponctiforme non saillant. Ostiole pointu, très-fin. S elliptique hyaline, à trois cloisons.

Parallèles sur les frondes de la grande fougère.

** *Caulicolae.* — *Sur les tiges et les branches.*

12. Ribesia. Fr. Ovale aplani, noir, olivâtre. P très-petit, blanc. S lancéolée (0,02) biloculaire. Conidie ovale sphérique.

Branches de groseillier.

13. Sambuci. Tode. Orbiculaire, plan, noir mat, cendré en dedans. S elliptique (0,015), cloisonnée, olive.

Rameaux de sureau noir.

14. Puccinioïdes. Fr. Disque orbiculaire (2-3 mm.) granulé, noir mat. S ovale, biloculaire, jaune puis brune. Conidie elliptique (0,015) brune, cloisonnée, stipitée.

Feuilles et rameaux de buis (*).

15. Mezerei. Fr. Orbiculaire, convexe plan, granuleux, noir; intérieur mou et concolore. P superficiels, petits, blancs.

Rameaux du bois gentil.

16. Tetraspora. Berk. et Br. Petit coussinet noir ponctué par de fins ostioles. S elliptique (0,02) à deux loges inégales, fauve.

Sur les Daphnés.

17. Rosae. Fr. Verrue irrégulière, brune, émergent par des fissures irrégulières, fauve en dedans. P sphérique. S en amande (0,02) hyaline.

Sur l'églantier.

(*) Il paraît avoir pour conidie le Puccinia Buxi. D. C., ce qui ferait croire que ce dernier genre n'est pas autonome.

18. STRIAEFORMIS. Fr. Linéaire ou lancéolé (1-2 mm.) ; arête mince, aigue et bistre. P astomes, noirs, blancs en dedans, celluliformes, formant une ou deux rangées.

Parallèle sur les tiges, angélique, épilobe.

19. FILICINA. Fr. Allongé, noir luisant. S (0,025) elliptique arquée, 2-4 septée, hyaline.

Parallèle et confluent sur la grande fougère.

II. ASTROMATÉS.

Sphéries cespiteuses ou isolées, dépourvues de stroma.

A. *Cespiteuses.* — Substratum souvent transformé en pseudostroma fibreux, floconneux ou pulvérulent.

VALSA. .

Sphéries rostrées (petite cornue), glomérulées dans un conceptacle membraneux ou carbonacé ou bien dans un substratum plus ou moins modifié, et recouvertes d'un disque céracé ou pulvérulent, uni et grené puis hérissé et obturé par les ostioles convergents, libres ou soudés ensemble. Conidie formant des filaments spiriformes, céracés-gélatineux (*).

* *Urceola.* Sphéries encloses dans un conceptacle utriculaire en forme de fiole ou de lentille. — Naissant dans l'écorce.

+ *Macrosporées.* — *Spore cloisonnée, elliptique, lancéolée ou fusiforme.*

1. AMPULLACEA. P. Urcéole ventru, fortement immergé ; disque orbiculaire, vert bistre, traversé par des ostioles tubuleux.

(*) Les genres Diatrype et Valsa sont parfois difficiles à distinguer l'un de l'autre : chez D. Strumella, Ferruginea, etc., la spore milite en faveur du second ; chez V. Syngenesia, Cincta, etc., le pseudostroma les fait quelquefois ranger dans le premier.

S (0,01) ovale elliptique, cloisonnée-rétrécie au milieu. Conidie formant une verrue arrondie, veloutée et noire. Sa jeunesse constitue le *V. Tiliae. P.*

Sur les branches de tilleul.

2. Fibrosa. P. Urcéole tronqué, fibreux, brun-noir, blanc puis cendré en dedans. P ovoïdes ; ostioles libres, luisants, sortant d'un disque blanc et fugace. S (0,014) elliptique, biocellée (en forme de 8). Spermatie (0,016) linéaire arquée.

V. *Extensa. Fr.* Pustules réunies par une croûte très-mince et noire.

Sur le nerprun épine-de-cerf.

3. Enteroleuca. Fr. Urcéole orbiculaire (3-5 mm) convexe, rugueux, libre, blanc en dedans. P petits ; ostioles libres, globuleux ou tubulés, pointus, ridés, oblitérant le disque. S (0,015) lancéolée, rétrécie-cloisonnée au milieu.

Sur les branches mortes, charmille, etc.

4. Detrusa. Fr. Urcéole conique, brun bistre, jaune brillant en dedans. P ovoïdes serrés, à demi-immergés dans le bois ; ostioles accolés et ombiliqués. S (0,015) elliptique, à trois cloisons.

Sur l'épine-vinette.

5. Profusa. Fr. P globuleux, gros, 1 à 3 dans un conceptacle ténu et noir ; disque blanchâtre, pulvérulent, grené puis papillé par les ostioles. S (0,05) elliptique allongée, subapiculée, triseptée, quatriocellée, bistre olive.

V. *Anomia. Fr.* Pseudostroma orbiculaire ou elliptique, gris en dedans ; ostioles espacés et divergents.

Sur les branches sèches du robinier.

6. Taleola. Fr. Urcéole arrondi ou elliptique, lentiforme, brun rouge. P nombreux, petits et serrés ; disque blanc,

grené par 2-3 ostioles lisses. S (0,02) elliptique, cloison-
née-resserrée au milieu, avec un cil aux extrémités et de
chaque côté.

Sur les rameaux du chêne, ressemble au Nivea.

7. Decorticans. Fr. Urcéole ténu, orbiculaire, noir
bistre ; pseudostroma blanchâtre. P nombreux, serrés, circulaires ; ostioles serrés, papillés puis tubulés rostrés ou
difformes. S (0,015-0,02) elliptique-lancéolée, cloisonnée-
rétrécie, quatriocellée, souvent toruleuse, hyaline.

V. *Carpini*. P. Pseudostroma blanchâtre. Ostioles globuleux puis cylindriques. V. *Crataegi*. Curr. Pustule plus
petite. Ostioles plus fins. S plus grande.

Sur les branches de charmille, hêtre, aubépine.

8. Syngenesia. Fr. Urcéole conique, libre, adné par la
base, cendré-noir en dedans. P globuleux, 4 à 5 ; ostioles
rostrés ou fasciculés en tubercule saillant et caduc. S (0,015)
lancéolée, quatriocellée et aristée.

Sur le nerprun fragile, le sureau noir, etc.

9. Lixivia. Fr. Pseudostroma mince, petit, jaunâtre.
P petits, globuleux, épars, noirs ; ostioles réunis-granulés
puis séparés et tubulés. S (0,012) lancéolée, cloisonnée-
rétrécie au milieu et quatriocellée. Son état de jeunesse
constitue le *Melanconis Juglandis. Fr.*

Branches mortes de noyer, ressemble au précédent.

† *Microsporées. — Spore simple, incurvée, cylindrique.*

10. Stellulata. Fr. Urcéole orbiculaire, immergé, blanc
à l'intérieur. P globuleux, petits, bistres ; ostioles fins,
ovoïdes globuleux, divariqués-radiés. S (0,008-01) courbe,
étroite, cylindrique, jaunâtre.

Sur les branches sèches d'orme.

11. Cerviculata. Fr. Conceptacle arrondi-lentiforme ;

pseudostroma blanchâtre ; disque blanc, grené puis oblitéré.
P ovoïdes, serrés, 4-5 ; ostioles filiformes, tordus en faisceau rugueux. S (0,008) baculiforme, arquée et ténue.
V. *Salicina.* P. et V. *Viburni.* Fr. constituent son état de
jeunesse.

Eglantier, viorne, saule, etc.

12. SPINESCENS. Q. Pseudostroma fioliforme, ventru
(2-8 mm) immergé, blanc puis bistre en dedans ; disque
blanc, grené de noir. P gros, ovoïdes, convergents ; ostioles poriformes puis *anguleux, sillonnés,* droits ou divergents. S (,006-8) cylindrique, courbe et hyaline. Son état
de jeunesse est V. *Leucostoma.* P. ; celui de maturité constitue
V. *Prunastri.* P. et *Sorbi.* Schm.

V. *Sorbi.* Schm. Urcéole orbiculaire (5 mm.), immergé,
brun noir. Ostioles grenus ou cannelés.

V. *Microstoma.* P. Pustule orbiculaire ; disque élevé,
plan, blanchâtre puis noir. Ostioles grenés, serrés.

Sur le prunellier, le cerisier et l'alisier.

13. NIVEA. Hoffm. Urcéole lentiforme conique (1 mm.),
cendré ; pseudostroma farineux et blanc ; disque tronqué,
d'un blanc de neige. P globuleux, munis de cols ténus ;
ostioles ponctiformes. S (0,006) cylindrique, courbe,
hyaline. Spermatie = Cytispora Chrysosperma. P.

Peuplier, tremble, aubépine, nerprans fragile et alpin.

14. KUNZEI. Fr. Urcéole orbiculaire, conique, bistre
olive ; pseudostroma paille ; disque céracé, cendré ou olive.
P petits, ovoïdes, serrés, nombreux, olive ; ostioles accolés,
petits, ombiliqués. S (0,006) incurvée.

V. *Abietis.* Fr. Pustule lentiforme, orbiculaire, grise en
dedans. Ostioles petits, soudés en disque brillant. Etat de
maturité du Kunzei.

Sur les troncs d'épicéa et de sapin.

15. MELASTOMA. Fr. Urcéole lentiforme ; pseudostroma blanchâtre ; disque petit, elliptique, noir. P ovoïde, assez grand ; ostioles grenés très-petits. S (0,008) incurvée, baculiforme.

Sur l'écorce, dans des taches pâles, pommier, poirier.

16. DISSEPTA. Fr. Pseudostroma elliptique flexueux (souvent large de plusieurs centimètres). P gros, en forme de matras, isolés ou groupés ; ostioles papillés puis rostrés. S (0,02-025) cylindrique incurvée.

Branches d'orme. Plus gros que Stellulata avec lequel on le trouve souvent.

** *Nidula.* — Sphéries agglomérées dans un pseudostroma formant une pustule sans conceptacle. — Naissant dans l'écorce.

17. CILIATA. P. Petite pustule arrondie. P 8-10, convergents, ovoïdes ; ostioles serrés, très-fins, ciliformes (2-4 mm.) lisses puis nodulés, divariqués, aigus.

Ecorces d'orme, d'aune, d'érable (Mougeot). Forme du Stellulata ?...

18. CORONATA. Hoffm. Lentille orbiculaire, sous-épidermique, brune. P aggrégés, petits, en forme de cornue, noirs, brillants ; ostioles ascendants arrondis puis rostrés, formant un capitule coroniforme. S (0,01) cylindrique, courbe.

V. *Ceratophora.* Fr. Sort par une fissure étoilée. P sphérique ; ostiole long, rostré et scabre.

Chêne, cornouiller, sorbier, églantier, etc.

19. PINI. A. S. Pustule orbiculaire, tronquée ; pseudostroma sulfurin. P petits, ovoïdes ; ostioles obtus, serrés sur un disque conico-tronqué. S (0,007) cylindrique, incurvée.

Sur les rameaux de pin sylvestre.

20. SUFFUSA. Fr. Pustule pulvérulente, gris ocracé ; dis-

que jaunâtre, bordé de noir. P aggrégés, globuleux ; ostioles globuleux. S (0,008) linéaire, faiblement arquée.

Rameaux de hêtre et d'aune.

21. LEIPHEMIA. Fr. Pustule lisse, noirâtre; disque paille. P minces, globuleux ; ostioles ovoïdes ou tubuleux. S (0,02) lancéolée, rétrécie-cloisonnée, ocellée.

Rameaux du chêne.

22. TURGIDA. P. Pustule arrondie, rouge brun. P globuleux ; ostioles obtus, réunis dans un disque étroit et brun. S (0,04) lancéolée.

Sur le hêtre et l'aune.

23. CINCTA. Fr. *Platanoïdes.* Berk. Pustule convexe, petite ; disque plan concave, *livide,* grené puis oblitéré par les ostioles globuleux. P sphériques, en cercle autour d'un plus gros à col perforé. S (0,025-03) lancéolée-fusiforme, aristée, 3-5 septée, hyaline.

Sur les écorces lisses, sycomore.

24. ONCOSTOMA. Dub. Pustule petite, conique. P groupés irrégulièrement ou en quinconce, assez petits, globuleux, noirs ; ostioles corniculés et réunis en faisceau. S (0,015-0,02) lancéolée, cloisonnée-rétrécie, 4 guttulée, hyaline.

Branches sèches de robinier.

25. AMBIENS. P. Pustules petites, coniques ; disque céracé-farineux, grisâtre et caduc. P circulaires et serrés ; ostioles lisses, globuleux. S (0,012) cylindrique, courbe. Conidie = Nemaspora Leucosperma. P.

Sur la plupart des arbres feuillés.

26. STILBOSTOMA. Fr. Pustule lentiforme, P nombreux, dressés ; ostioles globuleux, papillés puis ombiliqués, lui-

sants, sur un disque céracé, blanchâtre puis oblitéré,
S (0,015) lancéolée, resserrée au milieu, hyaline. Sa jeunesse constitue le *Melanconis* de même nom.

V. *Umbilicata.* P. Pustule petite, noire. P inclinés, serrés ;
ostioles ombiliqués, brillants. S (0,012) quatriocellée.

Bouleau, orme, coudrier, sycomore, aubépine.

*** *Cyclina.* — Sphéries groupées en cercle ou en quinconce, sans conceptacle ni pseudostroma. — Naissant sur
l'écorce.

27. CHRYSOSTROMA. Fr. P 8-40 couchés irréguliers dans
un substratum jaune sulfurin. Ostiole peu saillant. S elliptique (0,02) lancéolée, cloisonnée et fortement étranglée au
milieu. Conidie ovale, olive brun. Sa jeunesse donne le
Melanconis de même nom.

Coudrier, charme, cornouiller.

28. PULCHELLA. P. P sphériques, couchés en rond ;
ostioles tubulés, flexueux, recourbés ou ascendants. S cylindrique, incurvée.

Branches de bouleau et de cerisier.

29. LEUCOPIS. Fr. P globuleux, 3-9, inclinés, serrés,
atténués en col court ; ostioles ponctiformes puis tubulés,
brillants sur un disque orbiculaire, caduc et blanc de neige.
S (0,02) lancéolée, aristée et 4-ocellée. Son état de maturité constitue le V. *Conjuncta.* Ne. et sa jeunesse le *M. Ber-
kelaei T.* ?

Branches d'orme, de coudrier.

30. THELEBOLA. Fr. P globuleux, couchés, munis de cols
convergents autour d'un disque ponctiforme, blanc et
fugace ; ostioles subglobuleux puis ombiliqués, brillants.
S (0,025) elliptique, cloisonnée-rétrécie, ornée d'un tube

ténu et court à chaque extrémité, ambre verdâtre. Sa jeunesse constitue le *Melanconis Alni. T.*

Sur les branches de l'aune.

31. QUATERNATA. P. P gros, globuleux, ovoïdes, 3-6, couchés, à la fin nus et libres, bistres ; ostioles petits réunis en tubercule granulé. S (0,015-0,02) baculiforme, arquée, ambre, fauve. Spermatie très-fine, courbe, orange $=$ N. Crocea. P.

Charme, hêtre, orme.

32. FURFURACEA. Fr. P globuleux, 12, en cercle dans un substratum grumeleux, ocracé grisâtre ; disque blanc, caduc, entouré par les ostioles ténus, ponctiformes. S (0,01) fusiforme, cloisonnée.

Sur diverses branches.

33. RUTILA. T. *Aurea. Fuc.* P 3 à 6, sphériques, en quinconce et saillants sous une tache noire et brillante. Disque convexe, orangé éclatant ; ostioles ténus, convergents. S (0,02-025) ovale-lancéolée, granulée, bistre olive. Spermatie, ovoïde (0,004) orangée.

Rameaux, charme, noisetier, châtaignier.

34. ACCLINIS. Fr. P très-petits, globuleux, 5-6, groupés-épars ; ostioles inclinés, accolés, tubuleux, courts et luisants dans un petit disque cendré. S (0,018) baculiforme, incurvée.

Rameaux de pommier, n'est peut-être qu'une forme mûre du Melastoma ?

35. OPERTA. (Schm.?) *Sarothamni.* Awd. P globuleux, petits, bistres, 4-8 épars ou en quinconce sous une croûte ténue, noire et recouverte par l'épiderme ; ostioles granuleux puis sétacés (1 mm.) droits, espacés et noirs. S (0,012-15) lancéolée, *apiculée*, 4 guttulée, hyaline.

Sur le genêt-à-balais desséché.

36. Convergens. Tod. P 5-8, épars, ovoïdes, poncliformes et noirs; ostioles obliques, à peine visibles sur un petit disque blanchâtre. S (0,012) cylindrique, incurvée, hyaline.

Sur les branches de sycomore, de cornouiller, etc.

37. Clandestina. (Fr. ?) P groupés en long, 3 à 6, globuleux déprimés, petits, bistres; ostioles noirs, réunis en disque exigu, lancéolé, noir et presque toujours cachés sous la cuticule. S (0,01) lancéolée-conique, 2-4 ocellée et brièvement aristée. Conidie elliptique (0,02) cloisonnée, olive.

Abondant sur les tiges de framboisier (*).

NECTRIA Fr.

Périthèces libres, isolés ou glomérulés ; charnus ou membraneux, colorés. Spore lancéolée ou elliptique, cloisonnée.

* *Hypomyces.* — Périthèces nichés dans un lit cotonneux. Le plus souvent fongicoles (**).

1. Aurantia. P. P subsphérique, papillé, rouge orangé, émergeant d'un tapis floconneux orangé. S (0,015).

Groupé sur les polypores Squamosus et Ovinus, sur le bois pourri.

(*) Lorsque ce genre vaste et difficile sera mieux étudié, on trouvera, je crois, que des variétés ou même des formes dépendant de l'âge ou du milieu, constituent maintes espèces. La forme et la longueur des ostioles, la confluence ou la dissociation des sphéries, la présence ou l'absence de disque blanc ou coloré, ne sont pas non plus des caractères spécifiques constants. J'ai réuni, comme variétés, certaines espèces dont les spores, d'un volume souvent doublé par la maturation, me paraissent avoir même forme, même structure et a peu près mêmes dimensions.

(**) Suivant Tulasne, l'*Hypomyces Chrysospermus* (Bull) serait l'ascophore du joli *Sepedonium* de même nom qui fréquemment farcit les Bolets en voie de décomposition de *conidies sphériques, finement aculéolées, jaune d'or et réunies en grappes serrées sur des flocci blancs.*

Hypomyces Linkii. T. serait l'ascophore du *Sepedonium Roseum.* Linck. Conidie sphérique-pyriforme, cloisonnée, rose purpurin et portée sur des flocci blancs. Sur les agarics et les bolets en décomposition.

2. Rosella. A. S. P ovoïde sphérique, acuminé, rosé puis purpurin; tapis villeux blanc ou rosé. S (0,012) lancéolée, étranglée au milieu. Conidie obovale, cloisonnée = Dactylium Dendroïdes. Fr.

Groupé sur le bois pourri, sur des champignons, Russule.

3. Violacea. Schm. P globuleux, ovoïde, très-petit, glabre, purpurin puis bistre; ostiole papillé. S (0,007) oblongue. Conidie = Fuligo violacea (Tul).

Groupé dans des taches violettes sur Æthalium.

4. Rhodomela. Fr. P ponctiforme, globuleux déprimé, lisse, noir. Stylospore oblong, olivâtre, à deux cloisons.

Groupé au centre de taches violettes sur du vieux carton.

5. Lateritia. Fr. P globuleux, rouge brique, couvert d'une pruine blanche; tapis fondu avec le substratum, concolore. Ostiole ponctiforme. S (0,015) lancéolée.

Sur les lactaires, Deliciosus.

6. Luteovirens. Fr. P orangé pâle ou fauve; tapis tomenteux, mince, ocracé verdoyant. S (0,02) amygdaliforme.

V. Viridis. A. S. beaucoup plus tomenteuse et verte.

Sur les lactaires, Torminosus, Piperatus.

7. Ochracea. Grev. P globuleux, jaune de cire; ostiole ponctiforme, émergent sur un tapis tomenteux, orangé. S (0,012) lancéolée, rétrécie-cloisonnée. Conidie = Botrytis Agaricina. Ditm.

Sur les Agarics et les Bolets.

** *Cespitosae.* — Périthèces naissant en glomérules d'un Tubercularia formé par la conidie. Spore elliptique, biloculaire, hyaline.

8. Cinnabarina. Tod. P sphérique ruguleux, vermillon puis rouge sang; ostiole papillé. S (0,01) ovale lancéolée. Conidie = Tubercularia vulgaris. Tod.

Sur les arbres secs.

6

9. Punicea. Schm. P en grappe arrondie, globuleux, lisse, astome, rouge vif; ridé et concave en s'affaissant. S un peu étranglée au milieu.

Sur le Rhamnus frangula. A peine visible à l'œil nu.

10. Coccinea. P. P ovoïde, lisse, rouge brillant; ostiole pointu. S (0,012) elliptique.

Glomérules en grappe sur les branches sèches; rappelle l'urne de l'Ephemerum serratum.

11. Cucurbitula. Tod. P ovoïde puis cupulé, rouge orangé, brillant; ostiole conique. S (0,012) elliptique, cloisonnée, biocellée.

Cespiteux sur l'écorce du sapin. Plus petit mais semblable au précédent.

12. Sinopica. Fr. P globuleux-ovoïde, pruineux, orangé-rouge, à la fin cupulé et brun. Ostiole peu évident.

Sur le lierre mort. Plus gros que Episphaeria.

13. Aquifolii. Fr. P sphérique, ruguleux, ombiliqué par le sec, rouge brique, pâlissant puis bistre. S (0,012). Conidie formant un tubercule jaune.

Sur le houx.

*** *Gregariae*. — Périthèces épars ou isolés. Spore elliptique, cloisonnée.

14. Peziza. Tod. P globuleux, tendre, glabre, orangé rosé, concave en séchant. S (0,015) ovale-elliptique, biocellée.

Souches, saule, sureau, etc.

15. Sanguinea. Sibth. P ovoïde, petit, tendre, rouge sang; ostiole papillé. S (0,04).

Sur le bois pourri et sur les Hypoxylons.

16. Episphaeria. Tod. P très-petit, ovoïde-sphérique, tendre, ridé ou cupulé par le sec, rouge cerise; ostiole mamelonné. S (0,04) cloisonnée, biocellée.

Sur les Sphaeries stromatés, Diatrype Stigma. Ressemble au Peziza.

CUCURBITARIA. Grev.

Périthèces cornés, globuleux, ombiliqués ; aggrégés avec ou sans pseudostroma. Spore elliptique, celluleuse.

1. Ribis. Tod. Pseudostroma convexe, elliptique, brun pourpre, grisâtre en dedans. P ovoïde, papillé, séparable, noir.

Sur le groseillier rouge.

2. Laburni. P. Pseudostroma subcompacte. P globuleux, ruguleux, noir ; ostiole papillé. S brun noir.

Branches de Cytise.

3. Elongata. Fr. Pseudostroma linéaire, noir. P globuleux avec un sillon autour de l'ostiole mamelonné, olive bistre. S (0,02) quatriloculée, rétrécie au milieu, orangée puis brune.

Rameaux de coronille et d'acacia.

4. Spartii. Fr. Pseudostroma étalé, noir. P ovoïdes confluents ; ostiole obtus. S (0,02) lancéolée, rétrécie au milieu, brune.

Sur le genet-à-balais. Peu distinct du précédent.

5. Pithyophila. Kunz. Pseudostroma mince, grisâtre. P globuleux, libre, puis ridé et concave, mou, pulvérulent, bistre. Ostiole granuliforme. S brun olive.

Cespiteux sur l'écorce de pin et d'épicéa.

6. Pulicaris. Fr. P superficiel et libre, brun purpurin puis bistre, sphérique puis ridé et concave. S elliptique ou pyriforme à 3 ou 5 cloisons. Conidie fusiforme (0,015) = Fusarium Roseum ?

Sur les branches de sureau, viorne, saule.

7. Rhamni. Nees. Pseudostroma oblong, irrégulier, brun.

P globuleux aplanis, noirs ; ostiole ombiliqué et entouré d'un sillon circulaire. S a 6-8 cloisons inégales, brune.

Sur le nerprun noir.

8. Conglobata. Fr. Glomérule (2-3 mm.) saillant. P subglobuleux, ruguleux, rigide, petit, noir. Ostiole papillé, à peine visible. S (0,012) elliptique, biocellée, olivâtre.

Cespiteux ou solitaires, rameaux de bouleau, de coudrier.

9. Acervata. Fr. P turbiné, astome, noir uni puis ridé et cupuliforme. S hyaline (0,012) courbe.

Groupé sur l'auzerole.

10. Berberidis. P. Pseudostroma allongé, brun. P sphérique granulé, rouge fauve puis bistre. S ovale (0,02) 5 septée, olive bistre.

Fasciculé sur l'épine-vinette.

11. Macrospora. Desm. Pseudostroma brun noir. P globuleux, grenus, bistre noir, groupés 2-6 dans une ouverture orbiculaire de l'écorce ; ostiole finement ombiliqué. S (0,05-06) elliptique, triseptée-rétrécie, olive bistre. Epispore hyalin. Conidie fusiforme arquée, 8-12 septée, fauve.

Sur les branches mortes du hêtre.

12. Cupularis. P. P globuleux, ruguleux, astome, noir, s'affaissant en cupule. S elliptique, à quatre loges renflées, olive.

Branches d'orme, prunier, groseillier.

13. Dulcamarae. Kz et Schm. Pseudostroma mince, bistre, verdoyant. P globuleux, déprimé, grenu, bistre clair ; ostiole papillé puis perforé. S (0,02) elliptique 2-3 septée, brune.

Sur les tiges de douce-amère.

14. Dioïca. Fr. P semi-immergé, scabre, souvent sillonné en haut, subconique. S elliptique (0,02) à trois cloisons, brun clair.

Sur la bruyère.

GIBBERA. Fr.

Périthèce céracé-corné, hérissé, astome. Spore elliptique, diaphane. Spermatie, baculiforme, très-ténue.

1. Vaccinii. Sow. P subglobuleux, velouté puis nu, noir. S en amande (0,015) cloisonnée-rétrécie.

Cespiteux-inné sur l'airelle rouge.

2. Bolbitoni. Q. P sphérique subtilement tomenteux, bistre. Ostiole poriforme noir. S elliptique (0,02) biocellée.

Cespiteux-inné sur la bouse des pâturages.

MASSARIA. De Not.

Périthèce coriace ou carbonacé, immergé avec un ostiole émergent. Nucléus fluide noir. Spore pluriloculaire rarement simple ; épispore très-épais et fortement coloré. Conidie elliptique, multiloculaire bistre noir.

1. Foedans. Fr. P globuleux-discoïde noirâtre ; ostiole papillé. S pyriforme, brune ou bistre, cloisonnée, loge supérieure égalant les deux autres.

Branches d'orme.

2. Inquinans. Tode. P immergé globuleux, mou, glabre noir. Ostiole papillé. S oblongue, à trois loges, brune.

Branches de sycomore, d'érable, de bouleau.

3. Pupula. Fr. P orbiculaire, strié concentriquement, noir. Ostiole jaunâtre sortant d'une ouverture blanche. S oblongue pluriloculée.

Sur le sycomore.

4. EBURNEA. T. Pseudostroma en cône tronqué. P en cercle ; ostiole rostré. S elliptique à quatre loges.

Hêtre et noisetier.

5. RHODOSTOMA. A. S. P hémisphérique déprimé, strié, zôné, noir. Ostiole conique émergent d'un orifice rouge-rosé. S elliptique (0,02) rétrécie aux deux cloisons, biocellée, brune.

Rameaux de nerprun fragile.

6. VIBRATILIS. Fr. P globuleux déprimé, tendre et mince, noir, brillant. Ostiole ponctiforme, noir, sortant d'une très-petite ouverture lancéolée, noire. S ovale oblongue (0,02) cloisonnée, plissée, fauve.

Epars sous l'épiderme des rameaux de cerisier.

7. FIMETI. P. Pseudostroma crustiforme, immergé noir. P oblongs connés ; ostiole conique rostré. S ovale, noire, simple.

Sur la bouse et le crottin desséchés.

B. ISOLÉES, libres ou émergentes.

LOPHIOSTOMA. Fr.

Périthèce carbonacé émergent. Ostiole large, comprimé ou conique. Spore pluriloculaire et colorée.

1. MACROSTOMA. Tode. P immergé-émergent, noir. Ostiole à lèvres entr'ouvertes. S elliptique (0,02) cloisonnée, fauve.

Epars sur les rameaux, lierre, houx, chèvrefeuille.

2. NUCULA. Fr. P petit, inné, superficiel, ovoïde, glabre ; ostiole papillé. S elliptique (0,02) resserrée au milieu, à trois loges, hyaline.

Groupé sur l'écorce du chêne.

3. Excipuliformis. Fr. P émergent, ovoïde, ruguleux, noir. Bords de l'ostiole longs et larges. S (0,03) fusiforme courbe à six cloisons.

Epars sur l'écorce, le bois, la bruyère.

4. Diminuens. P. P saillant, arrondi, tronqué ou aplati, noir. Ostiole comprimé, étroit, formant une crête linéaire, rarement un cône. S fusiforme (0,02) cloisonnée, fauve.

Isolé ou fasciculé sur le framboisier.

5. Crenata. P. P subglobuleux saillant, bistre noir. Ostiole terminé par une large crête crênelée. S fusiforme (0,03) courbe, à 3-4 loges.

Rameaux de prunellier, cornouiller, lierre, vigne.

6. Compressa. P. P immergé, comprimé. Ostiole terminé par une crête flexueuse dont les lèvres sont exactement closes. S lancéolée (0,02) obtuse, 4-5 septée, olive.

Bois secs, aubépine, chèvrefouille, sureau.

7. Pertusa. P. P émergent, globuleux conique, ruguleux, noir, puis ouvert par la chute de l'ostiole conique. S lancéolée (0,015) cloisonnée rétrécie au milieu, brune.

Epars sur du bois d'orme, de frêne.

8. Mastoïdea. Fr. P conique, semi-immergé, noir, brillant. Ostiole conique petit puis ouvert.

Epars sur les rameaux de frêne (*).

ROSELLINIA. De Not.

Périthèce globuleux ou mammiforme, carbonacé, bicorti-

(*) La plupart des espèces de ce genre présentant la même spore, il est probable qu'elles ne sont que des variétés, par exemple : Compressa, Crenata, Pertusa et Diminuens.

qué, glabre ou velouté, nidulant sur un tapis villeux ou feutré. Spore elliptique obscure.

1. THELENA. Fr, P globuleux, large, glabre, émergent
d'un tapis rougeâtre et fugace. S (0,02) elliptique bistre.

Confluent sur le bois pourri.

2. AQUILA. Fr. P globuleux, gros, ferme, glabre, bistre,
à demi caché dans un tomenteux délicat, brun et persistant. Ostiole papillé et noir. S elliptique (0,015) biocellée.
Conidie = Sporotrichum Fuscum. Lk.

Groupé sur le bois mort.

3. BYSSISEDA. Tode. P subhémisphérique, mammiforme,
ferme, papillé, cendré bistre brillant, sortant d'un tapis
villeux persistant, gris brun. Ostiole papillé, gris. S (0,02)
elliptique, triocellée, brun foncé.

Troncs, sapin, aune ; branches, saule.

4. RACODIUM. P. P globuleux, ruguleux, hérissé, papillé,
noir, sortant d'un tapis tomenteux bistre noir. S (0,05)
cloisonnée, olive bistré.

Groupé sur le hêtre pourri.

5. TRISTIS. Tod. P globuleux, grenu puis ridé, astome,
noir ; tapis hérissé, noir. S oblongue, courbe, bi ou triocellée.

Sur le bois mort.

LASIELLA. Q.

Périthèce sphérique, membraneux, villeux, velouté, hérissé ou laineux. Spore ovale, elliptique, lancéolée ou linéaire,
colorée ou hyaline.

1 OVINA. P. P ovoïde sphérique, bistre, couvert d'un
voile villeux blanc ou grisâtre, nu à la base ; ostiole papillé, noirâtre. S (0,05) elliptique, brune.

Bois à demi pourri, charmille.

2. Mutabilis. P. P ovoïde globuleux, dur, fauve rouillé, couvert d'un voile tomenteux jaune verdoyant puis olive ; ostiole papillé, bistre. S (0,02) elliptique acuminée, courbe, cloisonnée, jaunâtre.

Rameaux dénudés, saule, chêne.

3. Araneosa. P. (*Callicarpa. Curr.?*) P (0,5 mm.) globuleux mamelonné, rigide, bistre ; voile ténu, tomenteux et gris. Ostiole très-court, fin et tubuleux. S (0,06-0,08) allongée elliptique, triseptée, toruleuse (les quatre articles séparables), brune.

Isolés ou groupés sur du bois couché, chêne.

4. Canescens. P. P ovoïde globuleux, petit, papillé, hérissé, cendré ou bistre, rarement verdâtre, blanchissant. S (0,03) lancéolée.

V. *Strigosa*. A. S. P noir, plus gros, hérissé de poils longs et divariqués.

Bois pourri, noisetier, chêne, etc.

5. Hirsuta. Fr. P globuleux, granulé, noir, hérissé de poils rares, courts et noirs ; ostiole ponctiforme. S (0,05) flexueuse, fauve.

V. *Acinosa*. Batsch. P grenu-tuberculé, bai-brun.

Sur le bois pourri, chêne.

6. Crinita. P. P ovoïde, subglobuleux, membraneux, noir, hérissé de soies flexueuses noires. S (0,05) vermiforme, pluriocellée.

Bois pourri, hêtre, coudrier.

7. Hispida. Tod. P ovoïde acuminé, pyriforme, couvert de poils ténus et espacés ; ostiole épais, obtus. S (0,06) vermiculaire, cloisonnée, bistre.

Branches de chêne, de saule.

8. Calva. Tod. P globuleux, mamelonné, glabre, bistre-

noir, brillant; orné à la base de poils courts et raides.
Ostiole convexe. S (0,02) ovale, biocellée, bistre olive.

Bois pourri, aune, nerprun.

9. Pusilla. Fr. P sphérique, ponctiforme, noir, brillant,
hérissé de soies raides. S (0,007) lancéolée, droite ou
courbe, quatriocellée.

Sur les aiguilles d'épicéa.

10. Exilis. A. S. P à peine visible à l'œil nu, sphérique
puis cupulé, noir, astome, velouté de poils fins et espacés.
S (0,01) cylindrique, courbe, diaphane.

Sur le bois pourri.

11. Trichella. Fr. P sphérique, astome, microscopique,
glabre, bai puis bistre, hérissé de poils courts, raides et
divergents, noirs. Thèque lancéolée, stipitée; S (0,008)
lancéolée-allongée, triocellée, hyaline.

Epars sous les feuilles mortes de houx.

12. Aristata. Q. P conico-hémisphérique, petit, noir,
hérissé au sommet de quelques poils raides, divariqués,
noirs; ostiole ponctiforme. S (0,008) cylindrique, obtuse,
triguttulée. Stylospore lancéolée, aristée.

Sur les chaumes desséchés.

13. Dematium. P. P globuleux, déprimé, noir, hérissé
de poils longs et touffus. Stylospore fusiforme, incurvée, à
la fin aristée.

Sur les tiges herbacées.

BOMBARDIA Fr.

Périthèce corné, ellipsoïde. Nucléus pulvérulent, blanc.
Spore fusiforme, cloisonnée.

Fasciculata. Fr. P ventru, mou, bistre, plus pâle en

haut; ostiole granuliforme. S (0,04) linéaire, flexueuse,
obtuse, cloisonnée, hyaline.

En fascicules sur les troncs coupés, saule, tremble, etc.

SPHAERIA. Q.

*Périthèce globuleux, ovoïde, carbonacé, libre, glabre ou
grenu, noir ; ostiole ponctiforme. Nucléus gélatineux. Spore
elliptique, fusiforme, cloisonnée et colorée.*

1. Moriformis. Tod. P ovoïde, claviforme, tuberculeux,
noir ; ostiole poriforme. S (0,04) fusiforme, courbe, bi ou
triocellée.

Sur le bois mort.

2. Spermoïdes. Hoffm. P sphérique, fragile, finement
chagriné, noir ; ostiole ponctiforme. S (0,02) linéaire,
courbe, pluriocellée.

V. *Confluens*. Tod. P ruguleux, déprimé autour de l'ostiole, pruineux et blanc puis brillant et noir.

Groupé ou confluent sur les souches et le bois mort.

3. Incrustans. P. P globuleux, gros, rugueux, noir ;
ostiole perforé, caduc, épais. Epars ou cespiteux sur une
croûte mince et noire.

Sur les troncs, tremble, érable, etc. (Mougeot.)

4. Botryosa. Fr. P globuleux, rugueux, connés-soudés,
5 à 10, en tubercule saillant. Ostiole déprimé, poriforme.
S (0,04) fusiforme.

Sur du chêne sec. (Mougeot.)

5. Mammaeformis. P. P globuleux, souvent déprimé,
mince, rigide, glabre, noir ; ostiole mammelonné. S (0,025)
elliptique, brun clair.

Souches et bois ramollis. Plus gros que Pomiformis.

6. SEMINUDA. P. P ovoïde, dur, glabre, noir; ostiole conique, aigu. S (0,01) elliptique, triseptée, brune.

A demi plongé dans le vieux bois, puis libre.

7. POMIFORMIS. P. P sphérique, petit, mince, glabre, noir; ostiole ombiliqué, papillé. S (0,01) cloisonnée, faiblement rétrécie au milieu, fauve clair.

Sur les souches, frêne, orme.

8. ORDINATA. Fr. P ovoïde, petit, tendre, fibrilleux en dessous, pruineux villeux, roux bistre puis noir; ostiole papillé. S (0,03) fusiforme, multiseptée, hyaline.

En séries sur les branches dénudées, chêne.

9. SORDARIA. Fr. P globuleux, tendre, ruguleux puis ridé, noir; ostiole peu distinct. S (0,015) elliptique brun foncé.

Groupé sur les souches de pin.

10. OVOÏDEA. Fr. P ovoïde, rigide, glabre, noir; ostiole petit, pointu. S (0,02) lancéolée, à 5 loges guttulées.

Sur du chêne. Un peu plus petit que Spermoïdes.

11. OBDUCENS. Fr. P ovoïdes globuleux, inégaux, anguleux, petits, rigides, serrés, noirs (ni déprimés ni ouverts); ostiole papillé. S (0,025) elliptique, pluriloculée, fauve.

Sur les vieux bois; branches de frêne.

10. PULVISPYRIUS. P. P ovoïde sphérique, difforme, tuberculeux, sillonné au milieu, noir; ostiole granulé. S (0,012) triseptée, fauve olive.

Groupé sur l'écorce et le bois morts.

13. PULVERACEA. Ehr. P subovoïde, très-petit, dur, chagriné, noir luisant; ostiole poriforme. S (0,01) elliptique lancéolée, biocellée, brune.

V. *Myriocarpa*. Fr. P très-petits, globuleux, serrés, *lisses*, noirs, brillants ; ostiole peu visible, à la fin perforé.

Sur les souches, érable, saule, pin.

14. Vilis. Fr. P ponctiforme, hémisphérique, noir ; ostiole papillé, caduc. S (0,012) elliptique, triseptée-rétrécie, jaunâtre.

Parsemé sur le bois, noyer, chêne, etc.

CERASTOMA. Q.

Périthèce globuleux ou lentiforme, carbonacé ou membraneux ; ostiole tubulé ou sétacé. Spore variable.

* *Lignicoles.*

1. Rostratum. Tod. P gros, libre, sphérique, granulé, brun noir ; ostiole (3 mm.) effilé, arqué et fragile. S (0,02) fusiforme, arquée, pluriloculée, hyaline. Spermatie formant un globule céracé jaune sur l'ostiole.

En troupe sur du hêtre.

2. Cinerea. Q. P lentiforme immergé, noir, atténué en bec ; ostiole (2 mm.) villeux, pulvérulent, gris. S (0,022) fusiforme, arquée, pluriloculée.

Epars sur les branches, prunellier.

3. Strictum. P. P sphérique, glabre, noir ; ostiole épais et raide. S (0,04) cylindrique, obtuse, pluriloculée.

En troupe sur le vieux bois, chêne, troëne.

4. Brevirostre. Fr. P immergé puis libre, glabre, noir ; ostiole pointu. S (0,02) oblongue, 5 septée, jaunâtre.

Sur les souches de pin.

5. Piliferum. Fr. P très-petit, glabre, noir ; ostiole capillaire, très-long. S (0,025) ovale, oblongue.

Groupé sur du bois de pin. (Mougeot.)

6. Dryinum. P. P petit, tendre, glabre, brun noir, brillant ; ostiole flexueux, très-long, sétacé, brun, luisant. S oblongue, étroite, quatriloculée, bistre. A peine visible à l'œil nu.

Vieux bois, chêne, sycomore.

7. Rostellatum. Fr. P petit, sphérique, aplani au sommet, noir ; ostiole cylindrique et effilé. S (0,01) oblongue, courbe, quatriocellée avec un cil à chaque bout.

Groupé sur l'églantier et la ronce.

8. Caprinum. Fr. P sphérique, villeux, blanc ; ostiole subulé, noir. S elliptique (0,02).

En troupe sur du bois pourri.

9. Lagenarium. P. P globuleux, tendre, glabre, laineux en dessous, bai ; ostiole sétacé, raide. S (0,01) ovale elliptique, biocellée, bistre olive.

Sur les souches et les polypores, P. adustus.

10. Cirrhosum. P. P globuleux ou difforme, immergé (à la fin souvent émergé), lisse, fibrilleux en dessous, dur et noir ; ostiole épais, arqué, grenu ou épineux. S (0,014) elliptique, rétrécie au milieu et 2-4 ocellée.

Epars ou fasciculés sur les troncs cariés.

** *Caulicoles.*

11. Spiculosum. P. P globuleux, immergé, noir ; ostiole piliforme, svelte. S (0,01) lancéolée, à 4 loges renflées, ocellées.

Groupé dans des taches noires sur les tiges, Hellébore fétide.

12. Penicillus. Schm. P petit, globuleux, membraneux, noir, luisant ; ostiole droit, strié, gris, terminé par un pinceau de filaments blancs portant des conidies elliptiques (0,004) hyalines. S (0,012) étroite, ocracée.

Epars sous l'épiderme des chicoracées.

*** *Foliicoles.*

13. FIMBRIATUM. P. P soudés en une verrue noire et brillante ; ostiole sétacé, entouré à la base d'une crépine délicate et blanche. S (0,01) ovale fusiforme, hyaline.

Sur les feuilles de charme.

14. CORYLI. Batsch. P circulaires, libres, noirs ; ostiole subulé, entouré d'une crépine blanche. S (0,02) ovale fusiforme.

Feuilles de noisetier. Semblable au précédent mais plus petit.

15. SETACEUM. P. P globuleux, petit, bistre ; ostiole sétacé, effilé, noir. S (0,015) elliptique, triseptée et aristée.

Feuilles de sycomore, d'aubépine, etc.

16. GNOMON. Tod. P petit, subglobuleux puis concave, tendre, noir ; ostiole filiforme, droit et noir. S (0,015) fusiforme, acuminée, quatriocellée.

V. *Melanostyla.* D. C. P globuleux, plus petit ; ostiole plus ténu.

Feuilles de coudrier, de tilleul.

17. TUBAEFORME. Tod. P subglobuleux, tendre, brun bistre ; ostiole tubulé, droit, bistre clair. S (0,025) elliptique lancéolée.

Feuilles d'aune.

AMPULLINA. Q.

Périthèce globuleux, ovoïde, en fiole, membraneux, noir. Spore ovale ou lancéolée, celluleuse. Spermatie très-ténue. — Sur les tiges herbacées.

1. ACUTA. Hoffm. P conique où ventru-lentiforme, glabre, noir, brillant ; ostiole tubulé, de la hauteur de la sphérie, fragile, noir. S (0,05) fusiforme, flexueuse, 5-11 septée, hyaline. Spermatie elliptique.

V. *Longicolla.* Sphérule lentiforme ; ostiole cylindrique plus long.

Ortie, lunaire vivace, cirses, etc.

2. Coniformis. Fr. P petit, conique, immergé, lisse, noir ; ostiole pointu, court, noir. S (0,04) fusiforme, tri-septée, hyaline.

Grandes tiges, conysa, chardon, etc.

3. Doliolum. P. P arrondi conique, orné de plis circulaires, noir, brillant ; ostiole papillé. S (0,025) 3-5 septée-rétrécie, hyaline.

Sur les grandes plantes, Berce, etc.

4. Complanata. Tod. P subglobuleux, de bonne heure affaissé en disque, glabre, noir ; ostiole papillé. S subfusiforme, incurvée, 7-8 septée.

Sur les tiges herbacées.

5. Nigrella. Fr. P subsphérique, ombiliqué, perforé, glabre, noir. S (0,02) cloisonnée, hyaline.

Groupé dans une tache noire sur l'angélique.

6. Rubella. P. P subdéprimé, émergent, noir ; ostiole conique, allongé, ruguleux. S (0,02) fusiforme, jaunâtre.

Dans des taches purpurines ou violettes, sur les tiges, pomme de terre, belladonne.

7. Culmifraga. Fr. P émergent, globuleux comprimé, noir ; ostiole conique ténu. S (0,04) fusiforme, 5 septée, jaune.

Epars sur les chaumes.

8. Arundinacea. Sow. P petits, globuleux, noirs ; ostiole peu saillant. S (0,03) lancéolée triseptée. Conidie globuleuse noirâtre.

Forme des stries grises sur les roseaux.

9. Pellita. Fr. P globuleux conique, noir, glabre, entouré de poils concolores; ostiole papillé. S (0,04) oblongue, fusiforme, à 3 ou 4 loges renflées, olivâtre.

Sur les tiges de pomme de terre.

10. Caulium. Fr. P globuleux, ellipsoïde, noir; ostiole linéaire, saillant. S (0,04) fusiforme, 6 septée, guttulée, verdâtre.

Sur les composées, les labiées.

11. Herbarum. P. P globuleux, aplati, petit, glabre, noir; ostiole ponctiforme, saillant. S (0,012) elliptique, fenêtrée, jaune puis brune. Conidie ovale, olive sombre ═ Cladosporium herbarum.

12. Lirella. P. P globuleux puis ombiliqué, nidulant dans une tache noire.

Tige de la reine des prés. (Mougeot.)

HALONIA. Fr. p. p.

Périthèce membraneux, sphérique, sous-épidermique; ostiole tubulé, court, émergent à travers un disque coloré. Spore fusiforme, cloisonnée. — Ramulicoles.

1. Pruinosa. Fr. P globuleux déprimé, petit, pruineux, gris; ostiole émergent, globuleux.

Groupé sur les rameaux du frêne. (Mougeot.)

2. Millepunctata. Grev. P sphérique, persistant, noir; ostiole ponctiforme. S (0,01) incurvée, fauve.

Rameaux de tremble, de peuplier noir.

3. Clypeata. Nees. P déprimé, très-petit, noir; ostiole conicotronqué. S (0,02) oblongue, 3-4 septée.

Groupé dans des taches noires et luisantes, sur la ronce, le rosier, le cornouiller.

7

4. Cotoneastri. Fr. P globuleux déprimé, mamelonné, petit, bistre noir ; ostiole granuliforme, conique. S (0,012) fusiforme, arquée, 4 septée.

Branches de cotoneaster, de sorbier.

5. Ocellata. Fr. P globuleux, gris puis noir ; ostiole ombiliqué, noir, au centre d'un petit disque blanc. S (0,01) linéaire, incurvée.

Branches de frêne, de viorne, de saule. Ressemble au V. Leucostoma.

6. Ditopa. Fr. P libre, globuleux puis cupulé, noir ; ostiole ponctiforme, mamelonné, éruptif. S (0,015) elliptique à 4 loges renflées.

Sur les rameaux d'aune.

7. Salicella. Fr. P très-petits, globuleux, bistre noir, aggrégés dans une tache grisâtre, allongée et pulvérulente. Ostiole cylindrique, éruptif. S (0,02) elliptique, cloisonnée, diaphane.

Sur les rameaux de saule.

8. Surculi. Fr. (M *Conica*. Fuc.) P très-petits (0,4 mm.) mammiforme puis ombiliqué, bistre noir ; ostiole ténu, conique, émergent, noir. S (0,025) elliptique, triseptée, olive.

Epars sur les rameaux du sureau à grappes.

CRYPTELLA. Q.

Périthèce membraneux, noir, ellipsoïde, profondément immergé ; ostiole tubulé, allongé. Spore filiforme, diaphane.

1. Cubicularis. Fr. P ténu, lancéolé-fusiforme, incliné ou couché, terminé en col allongé ; ostiole ponctiforme, noir, au centre d'un tubercule blanc. S capillaire (0,08) guttulée, en écheveau dans une thèque linéaire de même longueur.

Dans le bois des rameaux, frêne, orme, cornouiller.

SPHAERELLA. Fr.

*Périthèce membraneux, sphérique puis ombiliqué, immergé ;
ostiole papillé, poriforme ou ponctiforme. Spore fusiforme,
elliptique, hyaline. — Foliicoles.*

1. Ligustri. Rob. P très-petit, subglobuleux, bistre, à la
fin ridé et ombiliqué. S (0,01) fusiforme, quatriguttulée.

En groupe serré sur les feuilles du troène.

2. Maculaeformis. P. P sphérique, ponctiforme, noir.
S oblongue, à deux loges inégales. Spermatie fusiforme,
arquée.

Groupé au centre d'une tache pâle sur les feuilles sèches.

3. Buxi. D. C. P ovoïde, sulfurin, verdoyant ; ostiole
mamelonné. Nucléus verdâtre. S lancéolée (0,02).

Epars sur les feuilles mortes du buis.

4. Hederae. Sow. P convexe, ponctiforme, glabre, brun
puis noir ; ostiole sortant d'un point blanc. S (0,01) elliptique, biocellée.

Epars sur les feuilles mortes du lierre.

5. Atrovirens. A. S. P ovoïde sphérique, immergé puis
demi-libre, vert puis bistre ; ostiole grenu puis ouvert en
éclats. S (0,012) fusiforme, pluriloculée.

Sur les feuilles mortes du gui.

6. Ponctiformis. P. P sphérique, à la fin ombiliqué,
luisant, brun noir. S (0,008) elliptique, triseptée, verdâtre.

Epars sur les feuilles mortes du chêne.

7. Carpinea. Fr. P ponctiforme puis cupuliné, noir.
S (0,015) lancéolée, 3–4 ocellée.

Aggrégés sur les feuilles du charme.

8. Myriadea. D. C. P convexe grenu, à peine visible à l'œil nu, noir. S (0,02) lancéolée, triseptée.

Aggrégés dans des taches grises sur les feuilles de chêne.

9. Sparsa. Walr. P ponctiforme, très-petit, globuleux, tuberculeux, bistre. S lancéolée, 3-4 ocellée.

Sur les feuilles mortes, coudrier, châtaignier.

10. Vincae. Fr. P ponctiforme, globuleux-lentiforme, noir, brillant ; ostiole poriforme. S (0,008) elliptique, fusiforme.

Épars sur les feuilles mortes de pervenche.

11. Taxi. Sow. P globuleux, noir ; ostiole poriforme. S (0,007) biseptée, lancéolée.

Formant des taches grises sur les rameaux et les feuilles d'if.

12. Pinastri. Dub. P petit, globuleux, déprimé, bistre ; ostiole émergent. S (0,04) elliptique, acuminée.

Sur les aiguilles du pin.

13. Rusci. De Not. P ponctiforme, glauque ou bleu noir. S (0,02) oblongue, à 4 loges renflées, jaunâtre.

Forme des taches pâles sur le petit houx.

14. Pteridis. Desm. P petit, globuleux, brun noir. S (0,015) cloisonnée, droite ou arquée.

Dans des taches grises sur la grande fougère.

15. Artocreas. Tod. P orbiculaire, convexe aplati, bistre noir, luisant ; ostiole mamelonné et entouré d'un pli circulaire. S (0,02) elliptique, triseptée et aristée (*).

Sur les feuilles mortes, aune, hêtre ; semblable à une fiente de mouche.

(*) Ces appendices aristés ou ciliiformes des spores se retrouvent dans plusieurs genres, Valsa, Lasiella, Halonia, etc., et me paraissent être des organes fugaces très-analogues au hile.

STIGMATEA. Fr.

Périthèce sphérique, noir, immergé-superficiel, astome puis ouvert par un orifice rond. Spore oblongue, simple ou cloisonnée. — Sur les plantes vivantes.

1. Conferta. Fr. P petit, globuleux, saillant, astome, noir. S elliptique, resserrée au milieu.

Confluent sur les feuilles de la myrtille des marais.

2. Geranii. Fr. P hémisphérique, lisse, noir, brillant. S oblongue, cloisonnée, jaunâtre.

Sur les geranions.

3. Cruenta. Fr. P très-petit, globuleux, astome, noir, émergent d'une tache brun pourpre.

Sur les feuilles de convallaria.

4. Ranunculi. Fr. P globuleux déprimé, inégal, noir. S (0,01) lancéolée, obscurément cloisonnée.

Aggrégés sous les feuilles de renoncule.

5. Potentillae. Fr. P hémisphérique, noir. S (0,01) elliptique, cloisonnée.

Sur les feuilles de potentille.

6. Polygonorum. Fr. P petit, orbiculaire, flétri de bonne heure, noir.

Sur les feuilles de polygone.

Les espèces de ce genre pourraient probablement être multipliées.

HYPOSPILA. Fr.

Périthèce globuleux, astome, noir, inné sous une plaque noire se détachant en opercule à la maturité. Spore elliptique. Spermatie cylindrique courbe. — Foliicoles.

1. QUERCINA. Fr. P petits, circulaires, convexes puis ombiliqués. S elliptique, incurvée.

Sur les feuilles sèches du chêne.

2. POPULINA. Fr. P épars sur une tache, anguleux, noirs. S filiforme, pluriloculée.

Sur les feuilles du peuplier.

IIIᵉ F. PÉRISPORIACÉES.

Périthèce globuleux, membraneux, superficiel, astome et orné d'appendices filiformes. Nucléus céracé gélatineux. Thèque ténue et fugace. Spore très-grande, simple, colorée.

CHAETOMIUM. Kunz.

Périthèce ténu, globuleux puis ombiliqué, hérissé de poils laineux, noir et friable. Spore simple, citriforme, obscure. — Sur les végétaux décomposés.

1. CHARTARUM. Erenb. P subglobuleux, bistre ou olive, couvert de longs poils *flexueux, lisses* et olivâtres. S (0,01) citriforme, brune ou bistre violacé. Conidie = Alternaria Nees, cellulaire, irrégulière, ramifiée, bistre.

Immergé dans des taches jaunes sur du papier moisi.

2. COMATUM. Tod. P ovoïde sphérique, bistre noir, hérissé de poils ramifiés, recourbés et réunis en touffe dressée, très-*fragiles, nodulés*, bistre noir. S (0,01) citriforme, bistre olive.

Groupé sur la paille et les tiges pourries.

3. Lanatum. Q. P sphérique, poli, noir, hérissé de longs poils laineux, flexueux, entremêlés, fins, *glabres*, noirs et *brillants*. S (0,015) globuleuse apiculée, guttulée, bistre olive.

Aggloméré sur du bois enfoui dans les décombres des jardins. Plus petit que Comatum.

4. Streptothrix. Q. P sphérique, ténu, noir mat, orné de filaments *grenus*, noirs et élégamment *contournés en spirale*. S (0,012) citriforme, brun bistre. Conidie = Peronospora Infestans ? (*)

Aggloméré sur des débris de pommes de terre malades.

5. Fieberi. Cord. P ovoïde globuleux, olive puis bistre, orné d'un réseau capillaire et de soies raides terminées en crosse, brunes et brillantes. S (0,045) ovale sphérique, mucronée, brun fauve. Conidie = Bolacotricha. B et Br. formant des globules céracés, citrins.

Sur la toile pourrie où il forme des taches gris sulfurin. Paraît voisin de Murorum. C.

ERYSIPHE. Hedw.

Périthèce membraneux, sphérique, coloré, variant du citrin au brun et au bistre, orné d'appendices filiformes simples ou ramifiés. Spore elliptique, hyaline. Conidie = Oïdium. Mycélium floconneux aranéeux. — Parasites pernicieux des feuilles vivantes (**).

(*) Je crois avoir dans cette espèce le champignon parfait ou ascophore de la pomme de terre malade; quoique, jusqu'à ce jour, mes semis de spores ne m'aient pas fait voir comment ce Chaetomium naissait du *Peronospora Infestans*. Mont. ou de toute autre mucédinée.

(**) La Conidie, si funeste à la vigne et connue sous le nom d'*Oïdium Tuckeri*. T., appartient sans doute à l'une de ces espèces destructives, Lamprocarpa, Martii, etc., si fréquentes dans les cultures.

1. Linckii. Lev. P petit, globuleux. Poils blancs mêlés avec un mycélium tomenteux et fugace. Thèque pyriforme pédicellée.

Epars sur les feuilles d'artémise, de tanaisie, etc.

2. Lamprocarpa. Lev. P petit globuleux. Poils colorés, mêlés au mycélium byssoïde. Thèque globuleuse finement pédicellée.

Epars ou groupés sur les chicoracés, les labiées, etc.

3. Graminis. D. C. P. assez gros, hémisphérique puis déprimé, semi-immergé. Poils libres ou entremêlés avec le mycélium floconneux persistant. Thèque ovoïde à 8 spores.

Sur les feuilles de graminées.

4. Martii. Lk. P globuleux. Poils fins mêlés au mycélium byssoïde et éphémère. Thèque globuleuse pédicellée, à 4-8 spores.

Sur les ombellifères, crucifères, rosacées, etc.

5. Montagnei. Lev. P petit, globuleux. Poils libres. Mycélium byssoïde et fugace. Thèque ovoïde acuminée, à 2-3 spores.

Sur les feuilles des chicoracées.

6. Tortilis. Lk. P petit, globuleux. Poils flexueux très-longs et libres. Mycélium villeux et éphémère. Thèque ovale acuminée, à 4 spores.

Sur les feuilles du sanguinin.

7. Communis. Lev. P petit, globuleux. Poils ténus. Mycélium villeux peu durable. Thèque ovoïde pointue, à 4-8 spores.

Sur les feuilles de renoncule, des légumineuses, etc.

8. Horridula. Lev. P petit, globuleux. Poils ténus, flexueux. Mycélium villeux étalé. Thèque ovoïde oblongue, atténuée en bec, à 3-4 spores.

Sur les feuilles de borraginées.

SPHAEROTHECA. Lev.

Périthèce sphérique, de couleur tendre, variant du citrin au fauve. Sporange unique. Appendices floconneux nombreux. Mycélium arachnoïde.

1. PANNOSA. Lev. P petit, globuleux. Poils blancs. Conidie ovoïde $=$ Oïdium leucoconium. Desm. Mycélium feutré, villeux et durable.

Sur les rosiers.

2. CASTAGNEI. Lev. P' petit, globuleux. Poils nombreux, fins, onduleux et recourbés au sommet. Mycélium villeux, étalé et éphémère. Thèque à plusieurs spores.

Sur un grand nombre de plantes, houblon.

UNCINULA. Lev.

Périthèce sphérique, changeant du jaune au fauve ; appendices simples ou bifides, rigides et recourbés en crosse au sommet. Mycélium floconneux.

1. ADUNCA. Lev. P petit, poils simples, recourbés en hameçon. Thèque pyriforme, à 4 spores.

Sur les feuilles de peuplier, de hêtre.

2. BICORNIS. Lev. P gros, hémisphérique puis déprimé. Poils simples bifides ou dichotomes oncinés. Thèque pyriforme, à 8 spores. Mycélium villeux ou feutré.

Sur les feuilles d'érable.

3. WAHLROTHII. Lev. P petit, à poils nombreux et deux fois plus longs que lui. Thèque pyriforme, à 6 spores. Mycélium villeux et fugace.

Sur les feuilles de prunellier.

PODOSPHAERA. Kunze.

Périthèce sphérique, passant du citrin au brun et au bistre ; un ou plusieurs sporanges à 8 spores. Appendices piliformes, rares, hyalins et lobulés à l'extrémité. Mycélium tomenteux fugace.

1. KUNZEI. Lev. P petit, sphérique ; poils trois fois plus longs. Thèque ovoïde.

Sur les feuilles de prunier, de sorbier.

2. CLANDESTINA. Lev. P petit, sphérique ; poils de même longueur, ramuscules arrondis à l'extrémité.

Sur les feuilles de sanguinin.

3. HEDWIGII. Lev. P petit, sphérique ; poils un peu plus longs. Thèque ovoïde, à 4 spores.

Sur les feuilles de viorne.

4. PENICILLATA. Lev. P petit, globuleux ; poils de même longueur. Thèque ovoïde, acuminée, à 8 spores.

Sur les feuilles d'aune et d'aubier (*).

5. BERBERIDIS. Lev. P sphérique ; poils, 5 à 10, à lobules plus déliés et divariqués, obtus. Thèque ovoïde, à 6-8 spores. Mycélium tomenteux plus ou moins durable.

Sur les feuilles d'épine-vinette.

6. GROSSULARIAE. Lev. P globuleux ; poils, 10 à 15, à lobules terminaux bidentés. Thèque ovoïde à 4-5 spores.

Sur les feuilles de groseillier.

7. COMATA. Lev. P sphérique ; poils six fois plus longs. Thèque ovoïde, rostellée, à 4-5 spores. Mycélium villeux, fugace.

Sur les feuilles de fusain.

(*) MOUGEOTII. Lev. P petit, sphérique, puis déprimé ; poils à extrémité dichotomique. Thèque finement pédicellée, à 2 spores. Feuilles de Lyciet.

PHYLLACTINIA. Lev.

Périthèce globuleux-déprimé, membraneux, aréolé. Appendices piliformes, aciculés, droits et rigides puis courbés en dehors. Spore ovale, ponctuée, jaune. Mycélium villeux-pulvérulent.

1. Guttata. Wall. P assez gros, orangé puis brun. Poils à base sphérique, hyalins. Thèque globuleuse, à 2-4 spores. Tapis floconneux, farineux, blanc.

Feuilles de frêne, coudrier, orme, aune, bouleau, etc.

EUROTIUM. Linck.

Périthèce globuleux, membraneux-réticulé, nu et coloré. Thèque très-délicate. Mycélium mucédiniforme.

1. Herbariorum. Lk. P sphérique, réticulé, jaune. Thèque ovoïde-sphérique. Conidie = Aspergillus Glaucus.

Sur les plantes sèches, sur le pain.

LASIOBOTRYS. Kunze.

Périthèce coriace, ovoïde puis déprimé en cupule, fixé en groupe sur les feuilles par de fines soies radiées. Thèque cylindrique.

1. Ruboïdea. Fr. Petit coussinet, convexe (1-2 mm.) granulé, formé de P groupés-adnés, petits, brillants, noirs. Spore (0,012) sphérique, hyaline.

Eté. Sur les feuilles des divers chèvrefeuilles (Caerulea).

PERISPORIUM. Fr.

Périthèce globuleux, nu. Thèque claviforme. Spore oblongue.

1. Vulgare. Corda. P globuleux noir, émergent. Thèque cylindrique, pédicellée, à 4 spores ovales (0,006).

Citrouilles pourries.

ADDITIONS

PLUTEUS HISPIDULUS. F. Stipe très-grêle, fistuleux, fragile, fibrillo-soyeux, *argenté*. Chapeau convexe plan (5-8 mm.), finement pubescent pruineux, grisâtre ou bistre. Lamelles ventrues, libres grisâtres puis incarnates avec l'arête blanchâtre. Spore (0,008) elliptique, ocellée, incarnate.

Eté. — Sur les souches des forêts ombragées.

NOLANEA COELESTINUS. Fr. Stipe fistuleux, atténué vers le haut, lisse, bleu sombre, pruineux au sommet et cotonneux à la base. Chapeau membraneux, campanulé (2-3 c.) glabre, striolé, bleu violacé, *ridé* et plus foncé au sommet. Lamelles adnées, *larges*, blanchâtres puis pourpre bistre. Spore anguleuse sphérique (0,01) rosée.

Eté. — Près des souches dans les sapinières des Vosges.

FLAMMULA PARADOXUS. Kalch. Stipe ferme, inégal, glabre, souvent fissuré excorié, citrin teinté de pourpre. Chapeau charnu, convexe plan (5-8 c.) sinueux, souvent excentrique, *tomenteux*, bistre ou fauve, purpuracé. Chair floconneuse, humide, peu odorante, jaunâtre, rougissant sous la cuticule. Lamelles décurrentes, espacées, épaisses, larges. rameuses, souvent *anastomosées* et *poriformes* vers la marge, jaunes *rougissant* au toucher. Spore (0,013) pruniforme allongée, jaune ocracé.

Eté. — Forêts montagneuses des Vosges. Récemment reconnue en Hongrie par mon illustre ami Kalchbrenner.

PSALLIOTA ECHINATUS. ROTH. V. *Gracilis*. Stipe grêle (1-2 mm.) fragile, fistuleux-aranéeux, purpurin, voilé, ainsi que l'anneau ténu, fugace et rosé, de *flocons pulvérulents* et *gris*. Chapeau convexe (2 c.) peu charnu, chamois, *finement tomenteux;* chair blanchâtre, exhalant une odeur de fruits. Lamelles *libres*, minces, arrondies, *rouge clair* puis brun, sanguin. Spore oblongue (0,006) bistre, olive (glauque verdâtre sous le microscope).

Eté-automne. — Bois frais des collines du Jura.

CORTINARIUS ISABELLINUS. Fr. (après CASTANEUS). Stipe raide, à peine creux, strié, nu, jaunâtre paille ; cortine légère et fugace. Chapeau convexe-mamelonné (3-4 c.) assez mince, *glabre*, couleur de miel. Lamelles fermes, adnées, espacées, ocracées-citrines puis fauves argileuses.

Eté. Dans les bois de conifères montagneux.

CANTHARELLUS CARBONARIUS. A. S. Stipe plein, tenace, *radicant, strié*, blanchâtre. Chapeau convexe puis creux (1-3 c.) festonné, membraneux, *coriace*, hygrophane, scabre, bistre noir. Plis à peine rameux, peu décurrents, crispés, *glaucescents* puis *gris*, parsemés (à la loupe) de *pointes coniques, rigides et hyalines.* Spore elliptique (0,008) guttulée et hyaline.

Eté. — Dans les forêts, sur la terre où l'on a fait du feu. Paraît bien voisin du *Xerotus Degener. Fr.,* si toutefois il en diffère?

POLYPORUS VAILLANTII. Fr. Membrane très-ténue, sub-diaphane, séparable, blanche, formée de cordonnets et de lanières rhizomorphes qui entourent le champignon comme une large frange de dentelle. Pores petits, cupuliformes, inégaux, ténus et blancs. Spore (0,005) ovoïde, hyaline.

Eté-automne. — Sur la terre, la brique, le bois. Ressemble au *Poro-thelium Fimbriatum,* dont il me paraît être une forme.

HYDNUM DENTICULATUM. P. Etalé (1-5 c.) charnu, membraneux, farineux, souci clair ; bordure villeuse et blanche. Aiguillons fins, serrés, égaux, finement fimbriés au sommet. Spore ovoïde.

Sur les souches, robinier.

CYPHELLA EPISPHAERIA. (Mart. ?). Sessile, campanulé (1-2 mm.) puis ouvert, membraneux puis parcheminé, villeux, blanc hyalin; marge festonnée et ciliée. Hyménium blanc puis paille. Spore ovoïde.

En troupe sur les sphéries, Diatrype, Valsa, etc.

NIDULARIA GLOBOSA. (Ehr.) Arrondi ovoïde (5 mm.) puis aplani, fixé par des villosités. Péridium mince, floconneux-tomenteux puis granulé-réticulé par sa rétraction sur les péridioles, *ocracé-blanchissant*. Péridiole lentiforme (1 mm.) orbiculaire, glabre puis ridé, brun; glèbe bai-brun. Spore ovoïde (0,008) diaphane, glauque verdâtre.

Eté. — Groupé ou épars et à demi-enfoui dans le sable parmi les *Racomitrium Canescens*. Vosges.

HYDNANGIUM VIRESCENS. Q. Arrondi, allongé (2 c.) bosselé, anfractueux, entouré de cordonnets ramifiés et blancs, exhalant une fine odeur de truffe et de mélilot. Péridium membraneux, mince, adhérent, pruineux, *blanc* tacheté de *citrin* puis ocracé. Glèbe ferme, *laiteuse* puis *farineuse*, *blanc de neige*, présentant, lorsqu'elle est à l'air, des *taches sulfurines* ou *verdoyantes*; logettes petites, arrondies, pleines puis creuses. Spore sphérique (0,013) granulée, ocellée et *hyaline*.

Eté. — Dans la terre siliceuse des collines des Vosges.

HYMENOGASTER CITRINUS. Vitt. Arrondi, allongé, bosselé (1-2 c.). Péridium adhérent, *soyeux*, d'un jaune citrin agréable, taché de roux au contact de l'air ou de bistre à la maturité. Glèbe *très-ferme*, citrine puis brune; logettes petites et arrondies; odeur suave (musquée-Tul.). Spore (0,025-03) lancéolée, fusiforme, apiculée, verruqueuse, guttulée, fauve puis brune.

Printemps. — Forêts moussues du Jura. Il prend souvent l'aspect du *M. Variegatus* dont il a presque le parfum.

PALLIDUS. B et Br. Arrondi, déprimé (1 c.) très-tendre. Péridium ténu, subtilement tomenteux, blanchâtre, rapidement bistré. Glèbe blanchâtre puis ocre bistre, à

odeur de truffe ; logettes petites, demi-vides ; base stérile
à peine sensible. Spore (0,03) lancéolée, aiguë, tuberculeuse, guttulée, fauve doré.

Printemps-Eté. — Dans les forêts humeuses. Ressemble beaucoup au
Niveus.

PILOBOLUS. Tod.

*Stipe celluleux, aqueux, cylindrique, terminé par un ren-
flement olivaire portant et projetant un Sporange induré.
Spore sphérique. Mycélium sclérotiforme.*

CRYSTALLINUS. T. Stipe claviforme, olivaire au sommet, citrin pâle et pellucide. Sporange hémisphérique, glu-
tineux et noir.

RORIDUS. Schum. Stipe filiforme, globuleux au sommet,
blanc et pellucide. Sporange ponctiforme, sphérique et noir.

Ces deux Mucorinées des crottins me semblent mieux classées dans les
Nidulariées à la suite du Thelebolus.

ELAPHOMYCES ANTHRACINUS. Vitt. Globuleux (1-2 c.)
déprimé, souvent creusé d'une fossette ; mycélium abondant
bistre. Pellicule mince, carbonacée, *fragile*, grenée, floconn-
neuse à la loupe, bistre noir. Péridium épais, blanchâtre
puis gris, fuligineux au toucher. Glèbe et capillin gris, à
odeur de fruits. Spore (0,02) lisse, bistre clair, avec un
noyau verdâtre et des zônes circulaires brunes.

Printemps-Eté. — Forêts des collines du Jura avec *E. Granulatus* et
B. Fragiformis.

ECHINATUS. Vitt. Arrondi ou difforme (1-2 c.) ; mycélium jaune verdoyant puis brun. Pellicule épaisse, *fragile*,
bistre, grenelée par des aiguillons fins et rigides. Péridium
blanchâtre puis gris, s'évanouissant après la maturité.
Glèbe rougissant à l'air, puante (acide sulfhydrique-Tul.) ;
capillin aranéeux et lâche. Spore (0,02) olivâtre, pellucide
puis bistre et opaque, couverte de cellules tubuleuses,
courtes et serrées.

Eté-automne. — Forêts des collines jurassiques, avec *T. Dryophilum*
et *T. Excavatum.*

BALSAMIA. Vitt.

Voile papillé, verruqueux, subtomenteux. Glèbe creusée de lacunes labyrinthées. Spore elliptique ou cylindrique, glabre et pellucide ; thèque pyriforme, à 8 spores. Intermédiaire entre Genea et Hydnobolites.

FRAGIFORMIS. T. *(Polysperma Vitt.)* Globuleux bosselé, de la grosseur d'une fraise, ocracé fauve, pointillé de papilles villeuses brun rouillé. Glèbe ferme, blanc aqueux, à odeur délicate de truffe. Logettes anguleuses et *blanches.* Spore (0,015-0,02) elliptique, ocellée et diaphane.

Bois frais des collines du Jura, avec *T. Rapaeodorum.*

HYDNOTRIA. Berk et Br.

Cupule excavée-labyrinthée, plissée et perforée. Thèque allongée à 8 spores sphériques. Epispore épais, tuberculeux et coloré.

TULASNII. Berk? Globuleux (2-3 c.) chiffonné, anfractueux, granulé à la loupe, bistre ou fuligineux. Glèbe céracée cartilagineuse, blanchâtre, à odeur vireuse. Lacunes *spacieuses,* ouvertes la plupart en dehors, pruineuses, rousses puis brunes. Spore (0,035) fauve, couverte de verrues anguleuses et inégales.

Eté. — Sous les sapins des pâturages montagneux du Jura. Il a souvent l'aspect d'une jeune morille.

TYMPANIS PINASTRI. P. Emergent, glomérulé, substipité, noir. Disque plan, crispé, flexueux, blanchâtre puis noir. S (0,02) arquée fusiforme (*).

Sur les branches de sapin et d'épicéa.

(*) *Phacidium Pini.* — S (0,07-08) linéaire aciculée, guttulée.
Hysterium Varium. — S (0,05) elliptique, 5 septée, fauve.

LEPIOTA POLYSTICTUS. BERK. Stipe fistuleux, revêtu d'une cuticule écailleuse brune et terminée par un anneau mince et étroit au-dessus duquel il est blanc et satiné. Chapeau ferme, convexe plan (3-5 c.), lisse puis crevassé aréolé, argileux avec le centre brun. Chair blanche, un peu vireuse. Lamelles sinuées, larges, ventrues, blanches puis crême. Spore ovoïde (0,005) blanc crême, pointillée.

Eté. — Dans les prés et les clairières.

ARMILLARIA * GLIODERMUS. Fr. Stipe plein, *tendre, fragile*, grêle, soyeux en haut, blanchâtre puis roussâtre, orné d'écailles et d'un anneau aranéeux-floconneux brun clair. Chapeau campanulé convexe puis étalé (3-5 c.), lisse, visqueux, châtain clair plus obscur au centre. Chair humide, vireuse, blanc ocracé. Lamelles ventrues, sinuées puis *libres*, blanc de crême. Spore globuleuse (0,005).

Eté. — Dans les sapinières montagneuses du Jura.

ARMILLARIA ROBUSTUS (page 5) sera mieux dénommé SUBANNULATUS. BATSCH., auquel mon champignon se rapporte davantage et dont le nom est plus ancien.

Tricholoma Colossus. Fr. (I, p. 38.) La chair d'abord blanche prend rapidement une belle teinte incarnat vermeil ou saumon foncé; elle est douce puis amaricante et dégage un faible arôme. La spore, voisine de celle de Albo-brunneus, est ovoïde pruniforme (0,008-0,01), ocellée et hyaline.

CLITOCYBE GILVUS. Fr. Lamelles peu serrées, souvent réunies à la base, blanc-ocracé puis bistres, brunâtres sur la marge. Spore (0,006) ovoïde sphérique, pointillée. Il a l'aspect du Lact. Pallidus et me paraît identique au Pax. Alexandri. Fr. (H. E., p. 401).

* Cette élégante espèce, du genre Lepiota pour les auteurs, est tout à fait affine à Armillaria Subannulatus par l'hyménium, la spore, la texture, le voile, le goût et la couleur.

OMPHALIA UMBILICATUS. SCHAEF. Stipe fistuleux, arrondi,
fibrillosoyeux-strié au sommet, villeux à la base, blanc.
Chapeau régulier, submembraneux, ombiliqué puis en
entonnoir (2-3 c.), glabre, hygrophane, gris livide ou bistré,
blanchissant ou jaunissant, brunâtre au centre. Lamelles
serrées, minces, très-décurrentes, blanchâtres.

> Groupé près des troncs ou parmi les brindilles, dans les forêts.

PLEUROTUS LIGNATILIS. Pers. Stipe excentrique, fibro-
charnu, plein puis creux, très-tenace, recourbé, striolé,
pruineux-villeux, blanc puis fauvâtre ; base radicante, di-
latée et villeuse. Chapeau mince, tenace, convexe plan,
ombiliqué, festonné ou lobé (5-8 c.), *pruineux-villeux*, blanc
de lait puis subtilement rayé et ocracé-pâle, répandant une
forte odeur de farine aigre. Lamelles adnées, subsinuées,
serrées, minces, onduleuses, blanches à reflet citrin. Spore
allongée (0,006).

> Cespiteux dans les souches creuses d'épicéa, dans le Jura.

CREPIDOTUS NIDULANS P. JONQUILLA. Lev. Résupiné cupulé
puis réfléchi cyathiforme ou réniforme (5-8 c.), *tendre*,
tomenteux villeux, hérissé vers la base, jonquille mat,
blanchissant ; marge enroulée, *lobée* et souvent orangée.
Chair *spongieuse*, moins colorée, tachant le papier de jaune
et exhalant une odeur de melon. Lamelles molles, assez
serrées, jonquille clair. Spore (0,006) elliptique, *incurvée*,
biguttulée, *incarnat hyalin*.

> Sur du bois pourri (chêne) dans les collines du Jura. Ressemble au pre-
> mier aspect à *C. Aurantiacus.*

PLUTEUS PHLEBOPHORUS. Dittm. Stipe grêle, fistuleux,
glabre, luisant, blanc, renflé et cotonneux à la base. Chapeau convexe étalé (2-3 c.), glabre, orné de *veines anastomosées*, chamois puis bistre avec le centre brun. Lamelles

larges, écartées du stipe, blanches incarnates. Spore (0,008) ellipticosphérique, ocellée, incarnate.

Eté. — Bois pourri dans les forêts ombragées. Voisin du P. Nanus.

P. SEMIBULBOSUS. LASCH. Stipe grêle, fistuleux, *pulvérulent floconneux*, blanc, greffé par un bulbe hémisphérique. Chapeau membraneux, convexe hémisphérique (1-2 c.), diaphane, finement *sillonné* sur la marge, pulvérulent-pruineux, blanc puis rosé, un peu grisâtre au sommet. Lamelles ventrues, écartées, blanches puis incarnates. Spore ellipticosphérique (0,007) rosée.

Eté. — Isolé sur les branches mortes, chêne, hêtre.

ECCILIA PARKENSIS. F. Stipe plein, court, glabre, concolore. Chapeau membraneux, convexe puis profondément ombiliqué (2 c.), strié sur la marge, *glabre*, brun bistre noircissant. Lamelles serrées, décurrentes, larges, grisâtres ou bistrées, incarnates. Spore (0,04) ovoïde-pentagone et rosée.

Eté-Automne. — Dans les prés et les clairières herbeuses.

NAUCORIA HILARIS. F. Stipe rigide, fistuleux, *strié*, citrin luisant, fauve en bas. Chapeau convexe (2-3 c.), mince, glabre, souci fauve brillant ; chair citrine. Lamelles ventrues, larges, presque libres, citrines puis fauve rouillé. Spore lancéolée-pruniforme, granulée, ocracée.

Automne. — Dans les chaumes des Vosges, Hohneck.

INOCYBE CORYDALINUS. Q. Stipe fibrocharnu, fragile, courbe, dilaté à la base, strié, pruineux, blanchâtre. Chapeau campanulé puis étalé (5 c.), fissile, blanchâtre, rayé de fibrilles bistres avec un mamelon *verdoyant* et luisant. Chair *blanche* exhalant une odeur pénétrante de corydale creuse persistant après la dessiccation. Lamelles adnées émarginées, blanchâtres puis brun clair avec une fine arête onduleuse et blanche. Spore (0,04) pruniforme, brune.

Eté. — Solitaire dans les bois ombragés des collines du Jura.

I. Lucifugus. Fr. Stipe plein, ferme, pruineux au sommet, glabre, jaune paille. Chapeau peu charnu, fragile, convexe plan, à peine mamelonné (3-5 c.), fibrilleux soyeux et quelquefois écailleux, chamois olivâtre. Chair blanche, vireuse. Lamelles sinuées, serrées, planes, blanches, ocracées puis olive.

Eté-Automne. — En troupe sur les sentiers des forêts ombragées.

Cortinarius Scaurus. Fr. Stipe grêle, atténué en haut, renflé à la base en large bulbe marginé, spongieux, fibrilleux strié, lilacin ou verdoyant et blanchissant; cortine verdâtre. Chapeau charnu, convexe plan ou déprimé (5-8 c.), visqueux, tacheté-tigré, fauve fuligineux (fauve par le sec); marge mince, glabre puis striée. Chair molle et insipide. Lamelles sinuées, *étroites*, *serrées*, ténues, purpurines puis olive.

Eté-Automne. — Sapinières humides des montagnes.

Plumiger. Fr. Stipe claviforme, atténué en haut, *blanc*, jaunissant sous un épais fourreau aranéeux et blanc, terminé en anneau délicat et fugace. Chapeau charnu, convexe mamelonné (8 c.), ocracé fauve, couvert de mèches serrées, soyeuses et blanches. Lamelles adnées, lilacin pâle puis cannelle.

Automne. — Dans les sapinières moussues du Jura.

Orichalceus. Batsch. Stipe plein, fibrillo-soyeux, citrin pâle, verdâtre en haut; bulbe marginé; cortine blanche. Chapeau charnu, convexe (1 dec.), glabre, (cuticule visqueuse); écailleux-granulé et *rouge-feu fauve*; marge lisse, gris verdoyant pâle. Chair douce, blanche, citrine au bord puis verdoyante. Lamelles adnées, larges, dentelées, *sulfurin verdoyant* puis cannelle. Spore pruniforme (0,014) aculéolée, brun fauve.

Fin Automne. — En troupe dans les sapinières montagneuses du Jura.

Hygrophorus Cerasinus. Berk. Stipe plein, *tendre*, allongé, flexueux, furfuracé au sommet, blanc ainsi qu'une cortine annulaire très-fugaçe. Chapeau charnu, convexe puis mamelonné (3-5 c.), glabre, peu visqueux, gris de perle, brillant par le sec; marge mince, crénelée, *villoso-aranéeuse* et blanche. Chair molle, blanche, douce, à odeur de jacinthe (laurier-cerise, Berk). Lamelles adnées-décurrentes, espacées, *molles,* blanches puis incarnates. Spore pruniforme (0,012) hyaline.

Automne. — Dans les sapinières du Jura. Très-voisin des Agathosmus. et Pustulatus.

Lactarius Picinus. Fr. Stipe allongé, cortiqué spongieux, ondulé, glabre, gris bistre, laineux à la base. Chapeau mince, convexe plan (3-6 c.) mamelonné, villeux glabrescent et bistre noirâtre. Lait âcre et blanc. Lamelles adnées, serrées, ocracées. Spore sphérique (0,01) aculéolée, jaune fauve.

Eté. — Sapinières montagneuses du Jura. Variété de L. Azonites. Bull. ?

Violascens. Otto. Stipe allongé, spongieux puis creux, fragile, uni, visqueux et grisâtre. Chapeau charnu, tendre, convexe plan (1 dec.), glabre, visqueux, obscurément zôné, *gris lilacin.* Chair et lait, doux puis âcres, blancs, *violets* à l'air. Lamelles adnées-décurrentes, blanchâtres, souvent à moitié violettes. Spore ovoïde-sphérique (0,01) aculéolée, jaunâtre.

Eté. — Bois frais des collines du Jura. Il est d'un violet plus foncé que *L. Uvidus.*

Russula Vesca. F. *. Stipe spongieux, rigide, *réticulé-rugueux,* pruineux et blanc (quelquefois rosé à la base). Chapeau plan-déprimé (1 dec.), *veinulé-ridé,* visqueux, incarnat rosé ou rouge, plus obscur au centre. Chair tendre, blanche, douce, à odeur de noisette. Lamelles four-

* Je l'avais jusqu'ici regardé comme une variété du *R. Rosacea,* p. 181.

chues, adnées, serrées, minces, *blanches* à reflet jaunâtre
fugace. Spore blanche à reflet citrin.

Eté. — Bois frais de la plaine. C'est la plus délicate des russules.

Vitellina. P. Stipe très-grêle et blanc. Chapeau plan
déprimé (3 c.), fragile, à peine visqueux, jonquille *pâlissant;* marge à la fin sillonnée-chagrinée. Chair douce,
odorante et blanche. Lamelles égales, réunies par des
nervures, *espacées*, libres, incarnates puis safranées.

Automne. — Forêts de conifères montagneuses.

Nyctalis Asterophora. Fr. La spore ovoïde pruniforme
(0,004-6) pointillée et hyaline, se montre rarement sur les
plis ou lamelles de ce mystérieux champignon. La pseu-
dospore muriquée-étoilée (0,02) fauve et diaphane, beaucoup plus constante et dépourvue de mycélium propre,
paraît être plutôt un organe de dissémination ou de fructification secondaire qu'un parasite (hypomyces) dont la
durée dépasserait celle du substratum.

Clitopilus Popinalis. Fr. *Amarella P.?* Stipe plein, glabre,
ocracé-gris, le plus souvent atténué à la base. Chapeau charnu,
convexe-mamelonné (2-5 c.), pruineux, cendré, chamois
au centre, puis aréolé-rayé; marge amincie et bordée de
blanc. Chair grisâtre, *amère* et exhalant l'odeur de farine.
Lamelles décurrentes, souvent bifurquées, serrées, ocracées
puis cendrées. Spore ovoïde-sphérique (0,006) finement
aculéolée et incarnat fauve.

Automne. — En troupe dans les prés montueux du Jura. Plus petit,
mais plus épais que Pseudo-orcella.

Marasmius Putillus. Fr. Stipe fistuleux, atténué et glabre en haut, hérissé de poils laineux et blancs en bas,
roussâtre. Chapeau mince, convexe plan (2-4 c.), hygrophane, glabre, visqueux, *pellucide*, feuille-morte pâlissant;
marge *striée-cannelée*, lobulée-festonnée. Chair spongieuse,

concolore, amarescente. Lamelles onduleuses, écartées du stipe, incarnat roux. Spore (0,01) elliptique allongée, blanche.

Arrière-saison. — En troupe sur les aiguilles du pin sylvestre.

Lentinus Suavissimus. F. Pelté substipité, réniforme ou cyathiforme (3-5 c.), mince, diaphane, glabre puis ridé-sillonné, *blanc* bordé d'une zône jonquille. Chair blanche exhalant au loin une odeur de miel ou de flouve odorante. Lamelles décurrentes, espacées, inégales, denticulées, *anastomosées-poriformes* à la base, blanc paille puis jaune d'or par le sec. Spore elliptico-cylindrique (0,01) pointillée.

Eté. — Forêts spongieuses au bord des étangs de la plaine, sur le saule à oreillettes.

Polyporus Leucomelas. P. Stipe compacte, dur, *subto-menteux*, fuligineux, noircissant en dedans. Chapeau charnu, fragile, convexe plan, onduleux festonné (1 dec.), soyeux velouté, *bistre noir*. Chair amarescente, blanche, purpurine ou violacée à la cassure. Pores gros, anguleux, inégaux, dentelés, *gris blanchissant*. Spore globuleuse (0,006) acu-léolée, hyaline.

Automne. — Sapinières montagneuses du Jura.

Guepinia Cochlearis. Q. I. XX. 6. Conchoïde cyathi-forme, oblique, simple ou rameux (1-3 c.), gélatineux-coriace, concave, crênelé, glabre, *diaphane*, couleur d'am-bre. Hyménium extérieur, formé de nervures fines, rami-fiées et descendant jusqu'à la base. Spore (0,015) ovoïde, hyaline.

Automne. — Souches des forêts de la plaine, rare. (Tr. Lutescens I, p. 502).

FEMSIONIA. F.

Capitule gélatineux, globuleux puis cupulé par l'hyménium.

discoïde et discolore. Spore elliptique, cloisonnée et portée sur une baside. Lignicole.

LUTEOALBA. F. Stipe variable, souvent rameux, gélatineux-tenace, villeux et blanc. Capitule globuleux (1 c.), recouvert d'un voile villeux très-ténu et *blanc de neige;* puis obconique par la formation de l'hyménium plan concave, glabre, ridé, *sulfurin,* jaune d'or par le sec. Chair gélatineuse, hyaline et douceâtre, gonflée par l'eau et racornie par le sec. Spore (0,02) allongée, incurvée à la base, 6-7 septée, jaunâtre.

Eté. — Branches mortes de sapin dans le Jura. Il constitue peut-être la jeunesse du *Ditiola Radicata. A. S. ?*

PODOSPHAERA HOLOSERICEA. Lev. Périthèce globuleux; poils fourchus.

Sur les feuilles d'astragale.

PEZIZA VIOLACEA. P. Charnu, campanulé puis étalé (2-4 c.) sessile, pulvérulent à la loupe, glabre, diaphane, changeant de l'azur au lilas, blanchâtre à la base. Cupule violette puis bistre. Spore ellipsoïde (0,018-02) élégamment *granulée,* biocellée, hyaline à reflet purpurin.

Eté. — Groupé sur la terre, sous les feuilles des forêts du Jura.

AMPULLINA BACILLATA. Cooke. P émergé, petit (0,4) globuleux mammiforme puis déprimé circulairement autour du mamelon, noir brillant, S filiforme (0,15), obtuse, pluriguttulée, hyaline, en écheveau dans une thèque de même longueur.

Epars sur les tiges mortes de la douce-amère.

FIN

TABLE

DES GENRES ET DES ESPÈCES

N. B. Les chiffres romains qui précèdent le nom de l'espèce indiquent les Planches, et les chiffres ordinaires, les figures.

Les noms précédés d'un * sont ceux des espèces nouvelles, découvertes par l'auteur.

Planche I.

1. * Collybia Lilaceus.
2. * Cantharellus Rufescens.
3. Psalliota Echinatus v. * Gracilis.
4. Armillaria Subannulatus.
5. * Galera Minutus.
6. * Onygena Mutata.
7. * Cyphella Friesii.
8. Genea Hispidula.
9. Hydnangium Stephensii.
10. * Corticium Dubium.
11. Peziza Leucotricha.
12. Cyphella Eruciformis.
13. * Omphalia Sciopus.
14. * Mycena Cyanorhizus.
15. * Stereum Cristulatum.
16. Onygena Piligena.
17. Nidularia Globosa.

Planche II.

1. Lycogala Punctata.
2. Lycogala Miniata.
3. * Hydnangium Virescens.
4. Tuber Dryophilum.
5. Balsamia Fragiformis.
6. * Lycoperdon Montanum.
7. Bovista Tomentosa.
8. * Thelephora Atrocitrina.
9. Lycoperdon Hirtum.
10. Lycoperdon Atropurpureum.
11. Clavaria Kunzei.

Planche III.

1. Diderma Stellare.
2. — Globosum.
3. — Contextum.
4. Carcerina Conglomerata.
5. Diderma Vernicosum.
6. Angioridium Sinuosum.
7. Didymium Squamulosum.
8. — Xanthopus.
9. — Farinaceum.
10. — Iridis.
11. — Nigripes.
12. Physarum Nutans v. Aureum et Viride.

13. Didymium Lobatum.
14. — Cinereum.
15. Physarum Albipes.
16. — Psittacinum.
17. — Bullatum.
18. — Sulfureum.
19. — Album.
20. — Bryophilum.
21. Craterium Pedunculatum.
22. — Pyriforme.
23. — Leucocephalum.
24. Diachea Elegans.
25. Stemonitis Ferruginea.
26. — Typhoïdes.
27. — Ovata.
28. — Arcyrioïdes.
29. Cribraria Vulgaris.
30. — Aurantiaca.
31. Dictydium Umbilicatum.
32. Arcyria Punicea.
33. — Incarnata.
34. — Ochroleuca.
35. — Nutans.
36. Trichia Rubiformis.
37. — Pyriformis.
38. — Fallax.
39. — Cerina.
40. — Nigripes.
41. — Serpula.
42. Lycogala Parietinum.
43. Phelonitis Strobilina.
44. Perichaena Incarnata.
45. Licea Fragiformis.
46. — Cylindrica.

Planche IV.

1. Ostropa Cinerea
2. Actidium Hysterioïdes.
3. Stegia Ilicis.
4. * Cordyceps Setulosa.
5. Poronia Punctata.
6. * Hypoxylon Palumbinum.
7. Hypocrea Rufa.
8. Valsa Quaternata.
9. — Leucopis.
10. Cordyceps Militaris.
11. Diatrype Flavovirens.
12. Valsa Chrysostroma.
13. — Nivea.
14. — Ampullacea.
15. Diatrype Favacea.
16. Cryptella Cubicularis.

17. Lasiella Mutabilis.
18. Massaria Foedans.
19. Rosellinia Byssiseda.
20. Diatrype Lanciformis.
21. * Gibbera Bolbitoni.
22. Cucurbitaria Pulicaris.
23.   —   Cupularis.
24. Nectria Sanguinea.
25.   —   Rosella.
26.   —   Coccinea.
27. * Lasiella Aristata.
28.   —   Trichella.
29.   —   Hirsuta.
30.   —   Calva.
31. Sphaeria Pulvispyrius.
32.   —   Ovoïdea.
33.   —   Pomiformis.

34. Bombardia Fasciculata.
35. Lophiostoma Compressa.
36.   —   Pertusa.
37. Ampullina Doliolum.
38.   —   Acuta.
39.   —   Pellita.
40. * Chaetomium Streptothrix.
41. Stigmatea Geranii.
42. Chaetomium Chartarum.
43. *   —   Lanatum.
44. Cerastoma Lagenarium.
45. *   —   Cinereum.
46.   —   Penicillus.
47. Eurotium Herbariorum.
48. Podosphaeria Kunzei.
49. Phyllactinia Guttata.

IMPRIMERIE ET LITHOGRAPHIE DE HENRI BARBIER A MONTBÉLIARD.

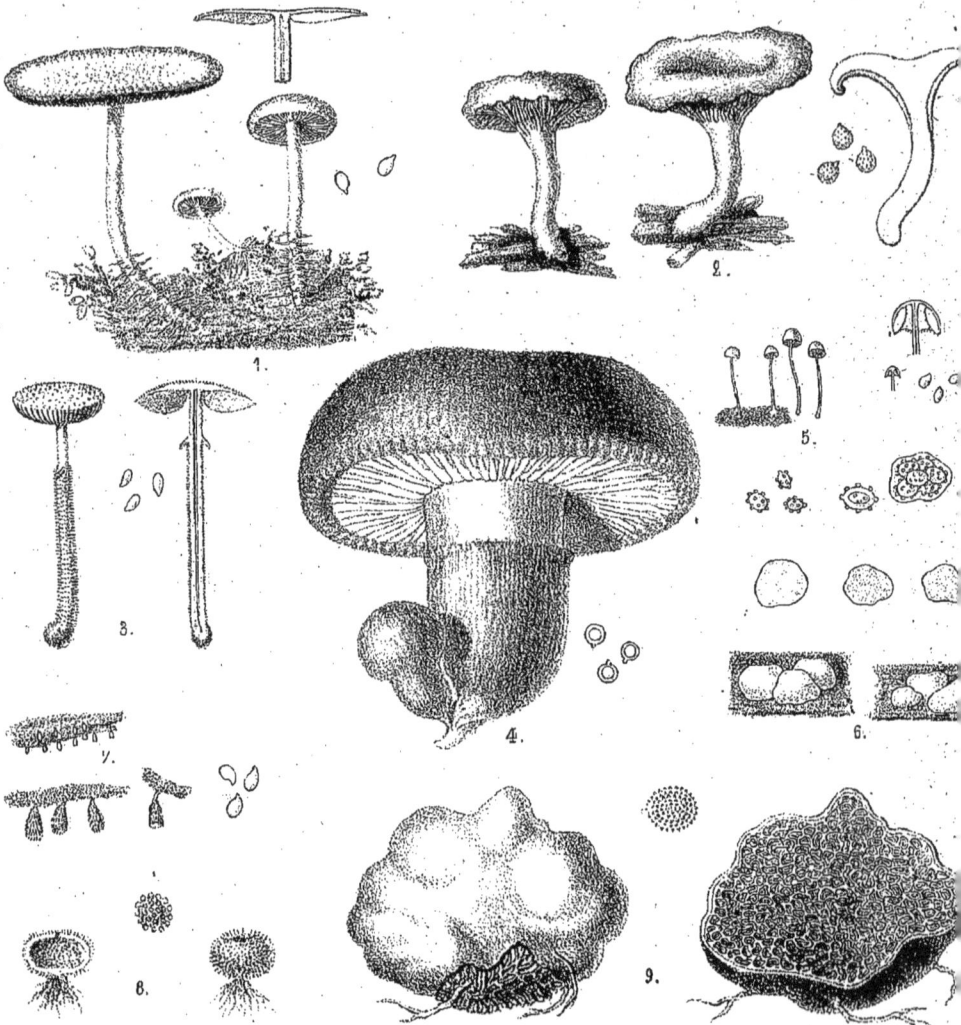

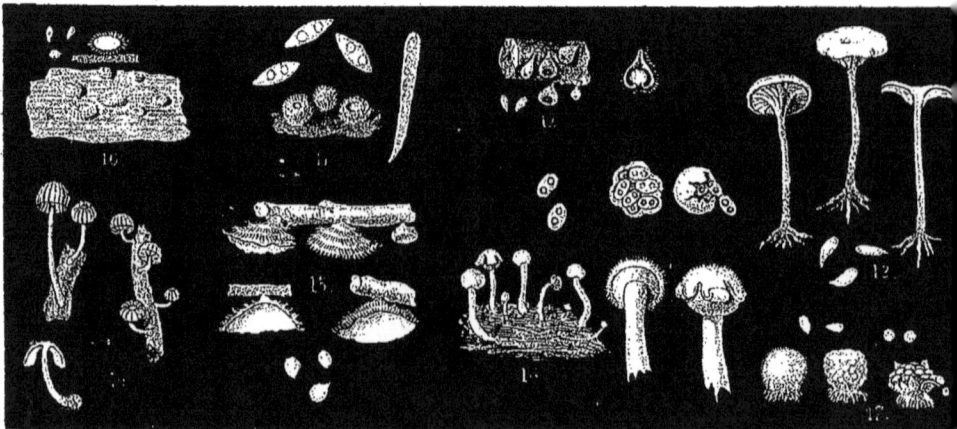

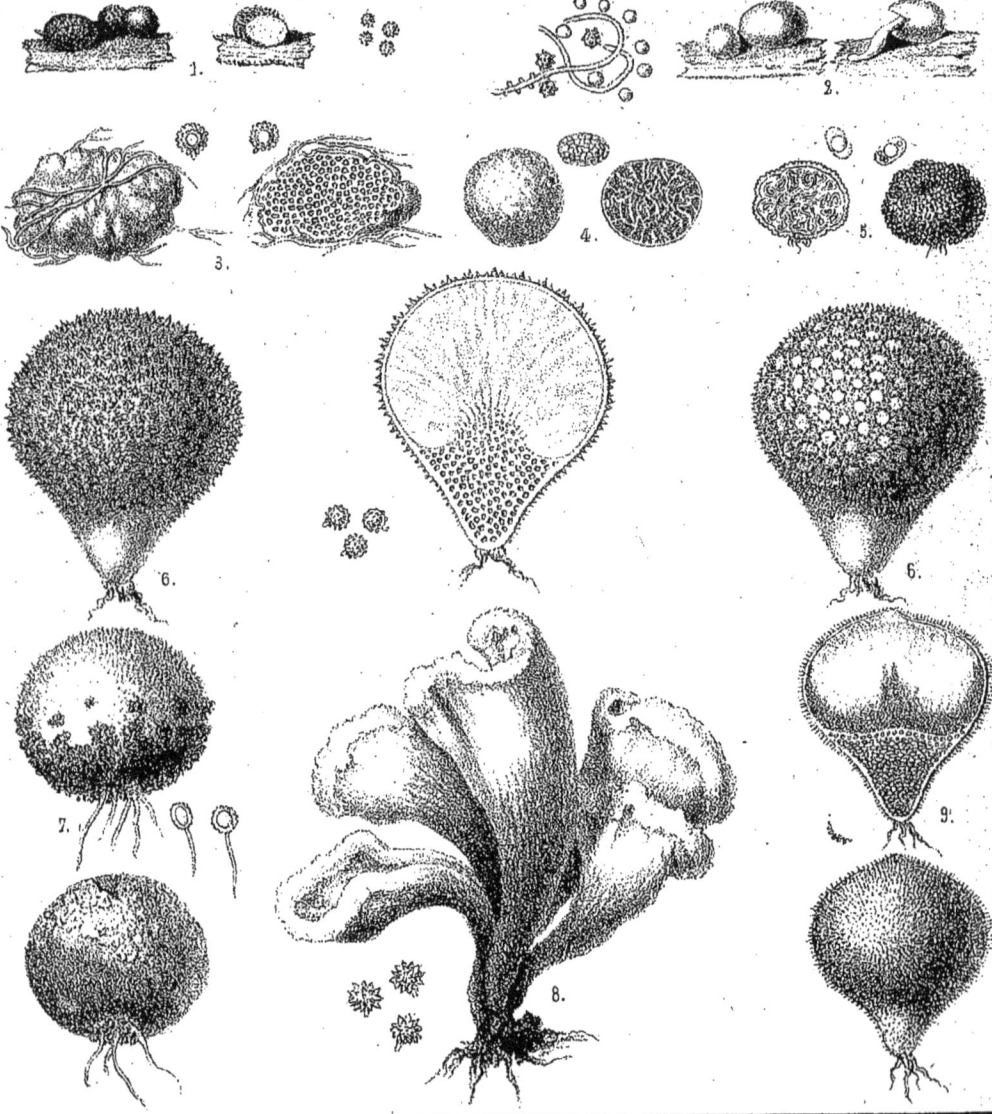

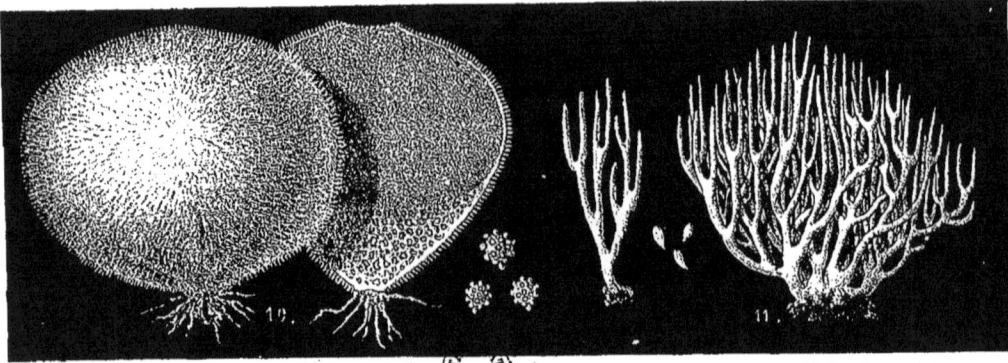

1. 2. 3. 4. 5. 6. 6. 7. 8. 9. 10. 11.

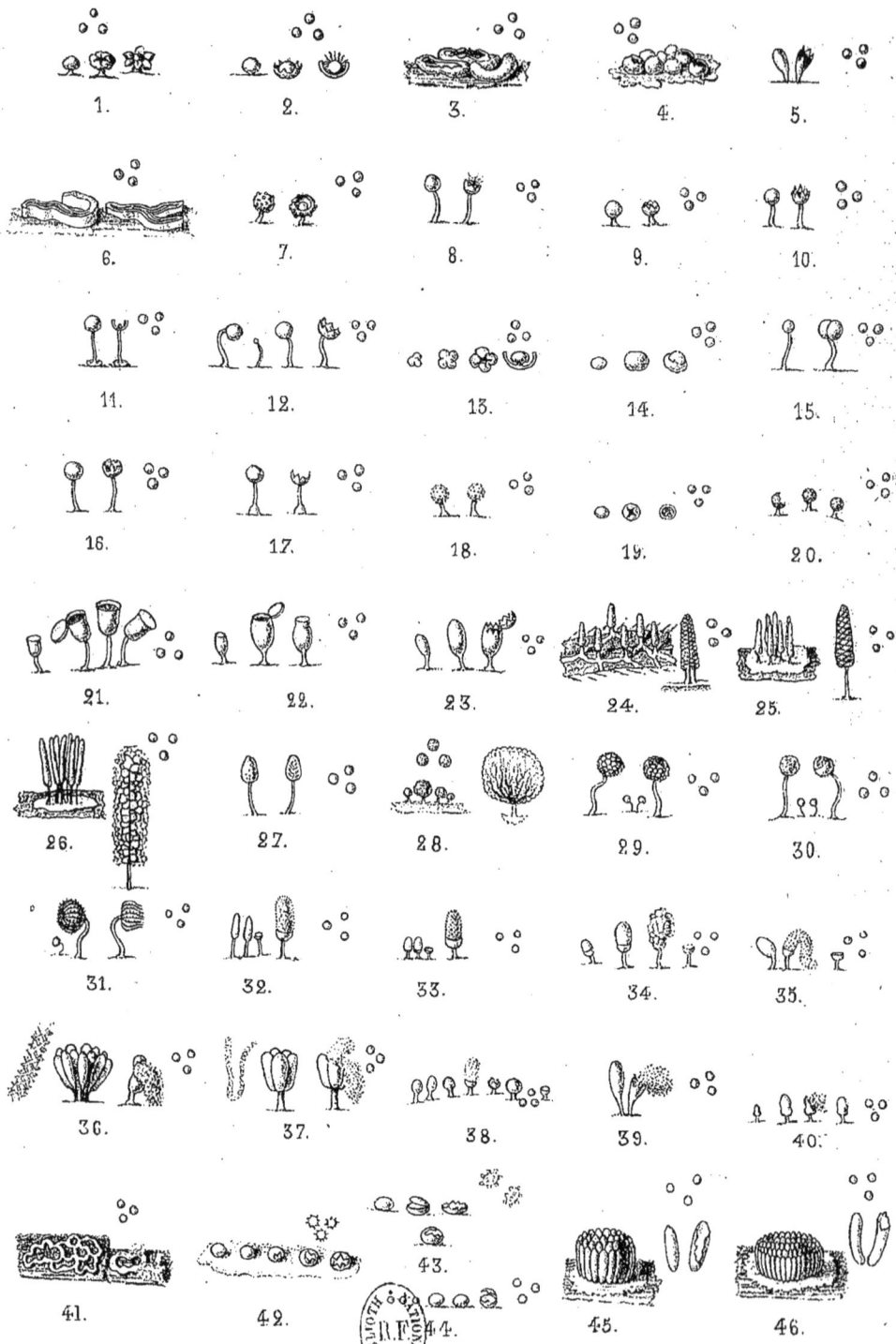

III

1. 2. 3. 4. 5.
6. 7. 8. 9. 10.
11. 12. 13. 14. 15.
16. 17. 18. 19. 20.
21. 22. 23. 24. 25.
26. 27. 28. 29. 30.
31. 32. 33. 34. 35.
36. 37. 38. 39. 40.
41. 42. 43. 44. 45. 46.

Auctor pinx.

E.Barbier del.

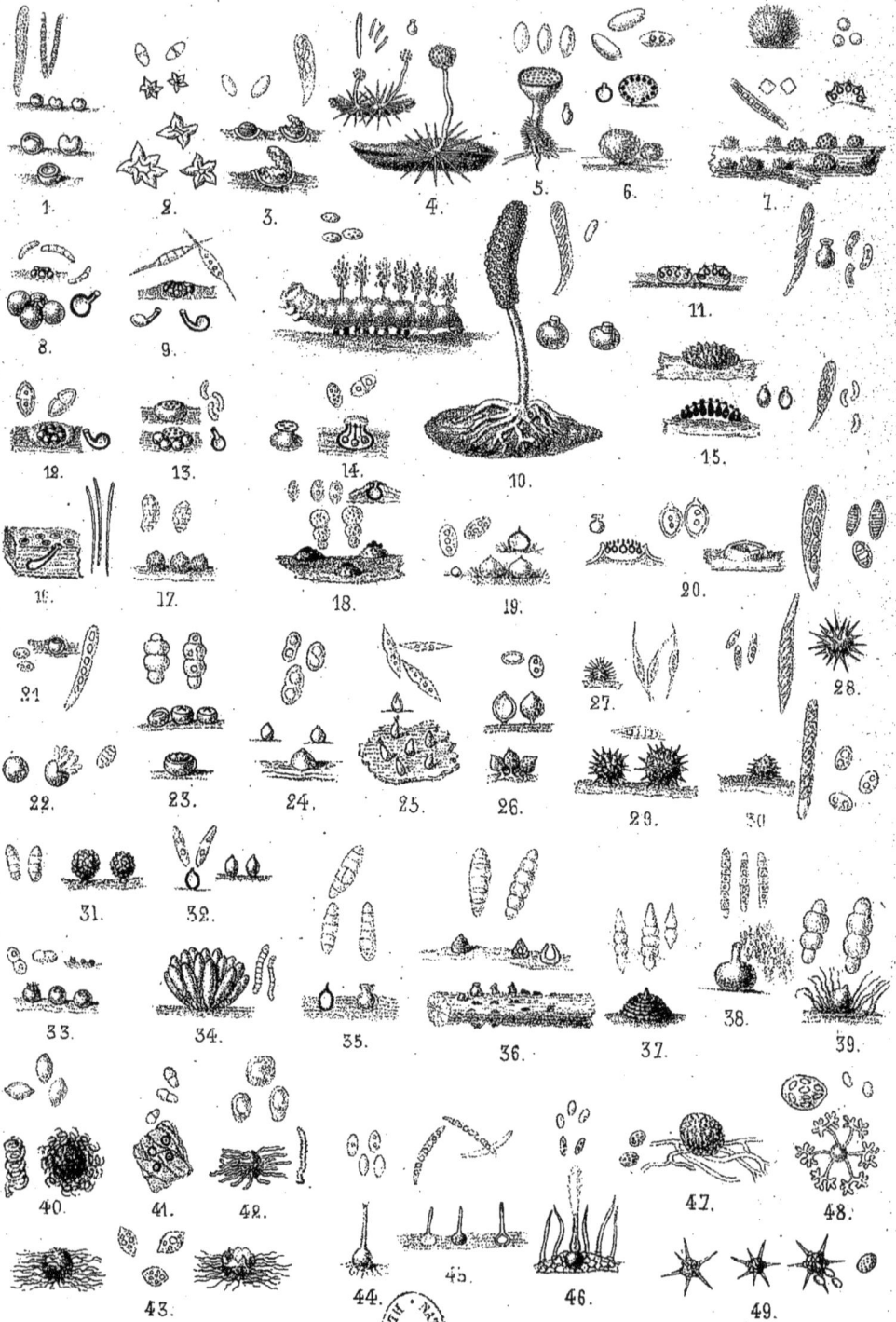

1.　　　　2.　　　　3.　　　　4.　　　　5.　　　　6.　　　　7.

8.　　　　9.　　　　11.

12.　　　13.　　　14.　　　10.　　　15.

16.　　　17.　　　18.　　　19.　　　20.

21.　　　22.　　　23.　　　24.　　　25.　　　26.　　　27.　　　28.　　　29.　　　30.

31.　　　32.　　　33.　　　34.　　　35.　　　36.　　　37.　　　38.　　　39.

40.　　　41.　　　42.　　　47.　　　48.

43.　　　44.　　　45.　　　46.　　　49.

Auctor pinx.

E. Barbier del.

www.ingramcontent.com/pod-product-compliance
Lightning Source LLC
Chambersburg PA
CBHW062026200326
41519CB00017B/4947